21世纪艺术设计学习领域实训系列

书籍设计
项目教学

主 编　王洪瑞

中国水利水电出版社
www.waterpub.com.cn

内 容 提 要

本书以书籍设计的具体任务为主线,将书籍整体设计的基础知识贯穿其中。从项目任务、设计案例到知识链接等各方面突出书籍设计人才培养的需求。学生通过学习,可以掌握书籍设计的环节与要领,深刻体会整体创作思路并熟悉相关软件的制作过程。

本书从两项设计任务出发,系统而完整地讲解了书籍设计的发展历史、书籍开本大小与形态、装订形式、书籍组成结构、设计流程与制作步骤等,并配合许多国内外设计实例,加强学生对理论知识的理解。根据内容的需要,书中配有知识链接,补充相关知识,提高学生的想象力和鉴赏能力,并在每章后配有课后练习,便于学生巩固所学知识。

本书实用性较强,可以为学生走上工作岗位铺路搭桥。在学习中能调动学生的学习兴趣,通过项目教学,充分锻炼学生的实战能力,提高书籍设计技能,增强社会适应能力。本书的适用人群主要包括:艺术设计专业本/专科生、成人院校艺术设计专业本/专科生、艺术设计培训机构学生。

图书在版编目(CIP)数据

书籍设计项目教学 / 王洪瑞主编. -- 北京 : 中国水利水电出版社, 2013.1
　(21世纪艺术设计学习领域实训系列)
　ISBN 978-7-5170-0370-0

　Ⅰ. ①书… Ⅱ. ①王… Ⅲ. ①书籍装帧-设计-高等学校-教材 Ⅳ. ①TS881

中国版本图书馆CIP数据核字(2012)第286098号

策划编辑:杨庆川　责任编辑:张玉玲　加工编辑:李 燕　封面设计:李 佳

书　　名	21世纪艺术设计学习领域实训系列 书籍设计项目教学
作　　者	主 编　王洪瑞
出版发行	中国水利水电出版社 (北京市海淀区玉渊潭南路 1 号 D 座　100038) 网　址:www.waterpub.com.cn E-mail:mchannel@263.net(万水) 　　　　sales@waterpub.com.cn 电　话:(010)68367658(发行部)、82562819(万水)
经　　售	北京科水图书销售中心(零售) 电　话:(010)88383994、63202643、68545874 全国各地新华书店和相关出版物销售网点
排　　版	北京万水电子信息有限公司
印　　刷	中煤涿州制图印刷厂北京分厂
规　　格	210mm×285mm　16开本　12印张　350千字
版　　次	2013 年 1 月第 1 版　2013 年 1 月第 1 次印刷
印　　数	0001—4000册
定　　价	49.00元(赠1CD)

总序

中国职业教育改革发展正处在重要战略机遇期，在开创科学发展新局面、服务社会经济发展方式、加快转变中，职业教育的地位和作用前所未有。

近年来，随着全国100所示范校建设项目的辐射带动，中国职业教育改革与探索的步伐正在稳步向前迈进。进入21世纪十余载，社会经济迅猛发展，艺术设计专业领域的行业企业对设计与制作人才的要求也不断变化。因此，为了适应企业的要求，培养高素质技能型人才，职业教育的质量成为不断深化教育教学改革的关键环节。

本系列教材借鉴国外先进职业教育理念，吸取工作过程系统化课程开发的经验，配合探索基于工作过程的课程设计，致力于高等职业教育教学改革和人才培养教学模式的探究。

工作过程系统化课程设计中"学习领域"可以等同于以往"课程"这一概念，但它绝非是我们对传统"课程"的理解。它是将以教师讲授知识为主转变为以学生为主体，通过项目教学采用任务驱动或教学做一体化的方式实施教学，是对传统教学模式的改革。一方面，教学内容以职业活动为依据，按照设计行业中相关工作岗位所需要的知识、能力、素质进行重构，如将学习领域中的知识点及关键技能融入到各学习情境（学习单元）中，由易到难分解一个项目中的具体工作任务，从单一项目到综合项目及其工作流程的常规运作来整合、序化教学内容。另一方面，教学方法设计遵循学生职业能力培养的基本规律进行组织，如结合项目执行内容和学生学习的兴趣点，灵活采取模拟企业职员的角色扮演、职业体验、真实案例解析等情境化手段，并模拟公司创建具有浓郁工作氛围的工作室环境，优化教学过程，以达到不断提高学生实际工作能力的目的。

本系列教材的编写就是基于上述教改主旨所进行的探索和实践。全套共12册，涉及广告、动漫、家居、服装、展示等艺术设计专业类别；汇集多所高职院校和相关行业企业专家组成的教学团队，凭借他们在高职一线教学阵地丰富的执教经验，并融入行业企业专家丰富的企业经历和职业教育的亲身感受，共同编写而成。通过他们在不同层面的教学改革，转变观念，达成共识，体现出各艺术设计专业建设的改革创新已达到一定水准，我们愿与广大的高职学生以及相关行业企业的从业人员分享这些成果，从而成就更多的艺术设计应用型人才，惠及社会，服务于民。

北京电子科技职业学院

艺术设计学院院长 戴红

2011年2月

前言

　　书籍设计在图书出版产业中占有重要的位置，是图书这一特殊商品外在的表现形式，亦是图书商品争夺市场的利器。本书以书籍设计的基本理论、工艺规范及表现技巧为基础，通过系列书籍设计项目讲解作者在这一领域的实战经验，希望为读者学习或创业打下良好的基础。本书的适用人群主要包括：艺术设计专业本/专科生、成人院校艺术设计专业本/专科生、艺术设计培训机构学生。

　　本书的内容由理论知识与书籍设计项目实例穿插交替进行，注重一些专业基础课程如字体设计、版面设计等的穿插和实际应用。结合项目实例，书中详细讲解了书籍设计的整个过程，从书籍的起源、发展过程开始，到书籍的分类、整体创意设计、工艺流程，还有书籍设计的构成元素、书籍设计的基本原则、书籍封面的视觉传达设计、版式设计等。在理论基础上，同时穿插经典案例和创意理念分析，图文并茂，开阔读者的思维和视野。为了紧跟时代步伐，本书融入书籍设计的前沿知识，对读者掌握与研究现代书籍设计、提高想象力和动手能力具有较强的指导作用。全书共11章，每章均配有知识链接和课后练习，可以强化所学知识。在阅读过程中，建议读者全面了解书籍设计的发展历史、各时期书籍形态的基本特征以及书籍构成体系与设计的原则，并充分掌握书籍设计的流程。对理论知识有了初步的了解之后，再进一步通过项目实例强化理论知识，使两者相辅相成。

　　本书项目实例分为封面设计项目和书籍整体设计项目，每个设计任务大体分为5个部分进行讲解：任务目标、应掌握的理论知识、设计完成的效果、设计思路、设计制作步骤。其中的理论知识为进行设计前的必备知识，读者应提前熟悉。设计思路由作者根据多年的实践经验，结合项目实例总结而成，它决定了设计方向与设计结果。设计步骤精炼制作过程中重要的软件命令操作，使读者能够清晰地掌握计算机设计程序。

　　本书内容由浅入深，既包含基本概念，又包含新时代背景下的书籍设计表现形式和创意方法。除了实例，还加入大量其他设计案例，具有较强的欣赏性、可借鉴性和实用性。作者努力通过项目的拆散式讲解使读者了解并掌握书籍设计的本质，能够学到书籍设计的规范流程、创意手法，并培养一定的鉴赏能力。本书讲解过程中借鉴了许多国内外相关书籍资料，采用了很多优秀书籍设计作品，在此对书籍的作者和设计者表示衷心的感谢。

　　书中项目设计实例均为作者已出版或将要出版的案例，对于其中一些思路的讲解系个人经验之谈，不全面之处还望读者见谅并不吝赐教，以便今后改进。

王洪瑞

2012年10月

目录

总序

前言

1 书籍设计概述

1.1 书籍形态的演变与现代应用

1.1.1 简牍

中国的书籍形式，是从简策开始的。用竹做的书，古人叫做简策，用木做的书，称为版牍。简牍始于商代（公元前14世纪），直到后汉（公元2世纪），沿用的时间很长。

简牍是这样制成的：把竹竿截短劈成细竹签，在竹签上写字，细竹签称为简，把若干竹签（简）编连起来称为策；或把树木锯成段，剖成薄板，扩平，写上字就成为牍。（图1-1和图1-2）

简的长度，有三尺、半尺和一尺三种。编简成策的方法是用绳将简依次编连，上下各一道，再用绳子的一端将简扎成一束，就成为一册书。编简一般用麻绳，用丝绳的叫做丝编，用熟牛皮的叫做韦编。

图1-1 简

图1-2 简策

1.1.2 卷轴装

简策由于原材料的限制，有很多缺点：首先，竹、木的分量很重，占空间，阅读不是很方便；其次，使用一段时间之后，编绳容易损坏，产生脱简的现象，很难复原。因此，书籍形态进而发展为卷轴形式。

卷是用帛或纸做的。开始用手抄写，后来发展为雕版印刷。帛是很贵重的物品，用帛写书不是普通人可以做到的。因此，纸发明以后，帛就被取代了。

以纸质卷轴装为例，其制作过程是这样的：把若干张纸粘连起来，成一横幅，再用一根细木棒做轴，从左向右卷起来，即成为一卷。轴的材质是可以改变的，除了木质以外，琉璃、象牙、珊瑚、紫檀、金、玉等均可作为轴，而一般在帝王贵族之中才会采用这些珍贵的材料。轴与纸的连接处在纸卷的左端，右端在外。为保护最右端的纸张，会用另一段纸或丝织品糊在上面，这一结构称为镖或包首。镖头再系上丝带，用作缚扎纸卷。由于帛和纸容易损坏，早期的卷轴装书籍未保存下来，其形态大致与今天的中国画轴的形式相似。（图1-3至图1-5）

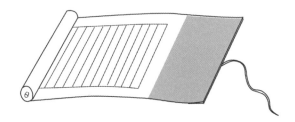

图1-3 卷轴装示意图

图1-4 卷轴装

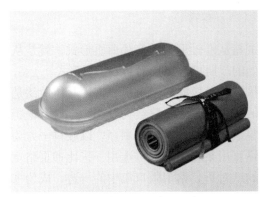

图1-5　卷轴装在现代书籍设计中的应用

1.1.3　旋风装

旋风装形式由卷轴装演变而来，它形同卷轴。制作方法为：由一长纸做底，首页全幅裱贴在底上，从第二页右侧无字处用一纸条粘连在底上，其余书页逐页向左粘在上一页的底下。书页鳞次相积，阅读时从右向左逐页翻阅，收藏时从卷首向卷尾卷起。

这种装订形式卷起时从外表看与卷轴装无异，但内部的书页宛如自然界的旋风，故名旋风装，展开时，书页又如鳞状有序排列，故又称龙鳞装。（图1-6和图1-7）

图1-6　旋风装

图1-7　旋风装形式的现代书籍设计

旋风装是我国书籍由卷轴装向册页装发展的早期过渡形式。现存故宫博物馆的唐朝吴彩鸾手写的《唐韵》用的就是这种装订形式。

1.1.4　经折装

卷轴装的纸书，从东汉（公元2世纪）一直沿用到宋初（公元10世纪）。卷轴装的书，如果要阅读其中的某一段内容，必须从头打开，很不方便。随着社会发展和人们对阅读书籍的需求增多，卷轴装的许多弊端逐渐暴露出来，已经不能适应新的需求，加上这时雕版印刷术已经发明，更没有必要将书籍延展得那么长了。于是有人将长卷沿着文字版面的间隔一反一正地折叠起来，形成长方形的一叠，首尾粘在厚纸板上，有时再裱上织物或色纸作为封面，这种形式就是经折装。

可以看出，经折装是在卷轴装的形式上改造而来的。经折装的出现大大方便了阅读，也便于取放。它的装帧形式与卷轴装已经有很大的区别，形状和今天的书籍非常相似。（图1-8）

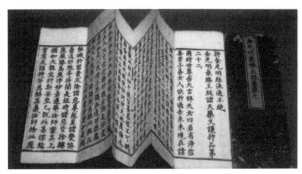

图1-8　经折装

借鉴经折装形式的现代书籍设计，我们偶尔会看见。在现代版式的衬托下，古老的书籍形态蕴含了一种时尚的美感。（图1-9和图1-10）

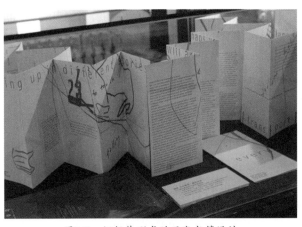

图1-9　经折装形式的现代书籍设计

图1-10　摄影集

1.1.5　蝴蝶装

书籍从卷轴形式转变为册页形式，就是从蝴蝶装开始的。册页是现代书籍的主要形式。

蝴蝶装不像旋风装每页相连，具体做法是：将印好的书页以版心中缝线为轴心，字对字地折叠；然后集数页为一叠，排好顺序，以版口一方为准戳齐，逐页用浆糊粘连；再选用一张比书页略宽略厚略硬的纸对折，粘于版口集中的一边，成为书脊；再将上、下、左三边的余幅剪齐，一部蝴蝶装的书籍就算装帧完毕。这种形式的书籍，打开来，版口（也称为版心）居中，书页朝左、右两边展开，有如蝴蝶展翅，故名蝴蝶装。由于版心藏于书脊，上、下、左三边都有足够的余幅，有利于保护版心的文字。（图1-11）

图1-11　蝴蝶装

1.1.6　包背装

因蝴蝶装所有的书页都是单页，打开来，总是无字的背面向人，有字的正面朝里；且两个单页极易相连，翻阅时常是一翻两个单页，见到的下一页仍是无字的背面，极为不便。张铿夫在《中国书装源流》中说："盖以蝴蝶装式虽美，而缀页如线，若翻动太多终有脱落之虞。"故蝴蝶装逐渐为包背装所代替。

包背装与蝴蝶装的主要区别是，对折页的文字面朝外，背向相对。两页版心的折口在书口处，所有折好的书页叠在一起，戳齐折扣，版心内侧余幅处用纸捻穿起来。用一张稍大于书页的纸贴书背，从封面包到书脊和封底，然后裁齐余边，这样一册书就装订好了。包背装的书籍除了文字页是单面印刷，且又每两页书口处是相连的以外，其他特征均与今天的书籍相似。包背装一般认为出现在元朝，元末明初多用包背装。明代的《永乐大典》、清代的《四库全书》都采用的是包背装。（图1-12）

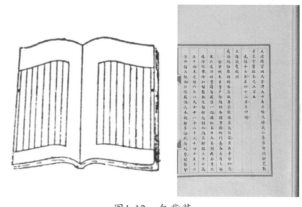

图1-12　包背装

现代书籍在使用包背装形式时，往往利用其本身特殊的构造（纸张对折形成中空页）表达出设计者对于书籍内容的深刻理解，使人们在阅读的同时能够感受到一种令人愉悦的形式感。（图1-13）

图1-13　包背装形式的现代书籍设计

1.1.7　线装

线装是从包背装发展来的，出现于明代中叶（公元14世纪），而盛于清代。它不用整纸裹书，而是前后分开为封面和封底，不包书脊。

线装是我国传统书籍艺术演进的最后形式。其成型方法为：纸页折好后先用纸捻订书身，上下裁切整齐后再打眼装封面。线装书一般只打四孔，称为"四眼装"。较大的书，在上下两角各多打一眼，就成为六眼装了。讲究的线装，除封面用绫绢外，还用绫绢包起上下两角，以保护封面。线装书装订完成后，多在封面上另贴书签，显得雅致不凡。

线装书有简装和精装两种形式。

简装书采用纸封面，订法简单，不包角，不裱面。

精装书采用布面或用绫子、绸等织物被在纸上作封面，订法也较复杂，订口的上下切角用织物包上，最后用函套或书夹把书册包扎或包装起来。（图1-14和图1-15）

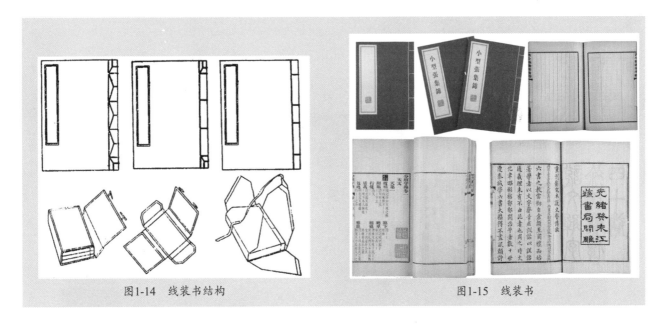

图1-14　线装书结构　　　　　　　　图1-15　线装书

在我们的印象中，线装书是传统的，它往往运用在一些历史文献、民间传统类的书籍中，仿佛和现代、时尚这些词不沾边。但经过现代设计师的一些大胆演绎，线装书的运用范围被大大拓宽了。

2006年，由我国选送的图书《曹雪芹风筝艺术》获得了该年度"世界最美的书"称号。"世界最美的书"的评选是由德国政府支持，并由德国法兰克福与莱比锡书籍艺术基金会和德国莱比锡市政府共同主办的，是一项世界性的图书文化活动。"世界最美的书"评选具有相当高的学术性和文化价值，有严格的评选标准和原则、完备的评选程序与规则，对国际书籍艺术潮流有引导和示范作用。《曹雪芹风筝艺术》获此殊荣，非常不易。（图1-16）

图1-16 《曹雪芹风筝艺术》书籍设计

《曹雪芹风筝艺术》外表非常朴素，封面色彩是中国传统线装书的蓝色，装帧形式采用了线装书的装订方式。该书的整体设计思路是一种融合中国传统同时又富含现代视觉元素理念的一种表达形式。

无独有偶，我国的另一本获得2004年"世界最美的书"称号的《梅兰芳藏戏曲史料图画集》，也是采用了线装书的装订形式。为什么两本获此殊荣的图书的设计者都采用了线装书这同一种装订方式，如果换一种装订方式，又会是一种什么效果？线装书给人一种传统的感觉，很有历史感，在表现一些传统题材、民间艺术、历史文献方面的书籍时，是一种很适合的装订方式。同时，线装书似乎又不仅仅只是实现装订的功能这么简单，它和我们其他的设计手段，例如色彩的运用、文字的编排、纸张的选择同样重要，能够辅佐设计者更好地展示书籍，表现书籍的内容，达到内容和形式的完美结合。（图1-17和图1-18）

图1-17 《梅兰芳藏戏曲史料图画集》书籍设计

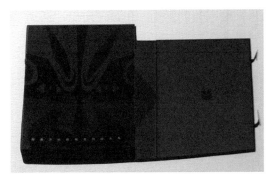

图1-18　《梅兰芳藏戏曲史料图画集》函盒设计

1.2　现代书籍设计分类

1.2.1　平装书籍

平装书籍也称为简装书籍，是我国目前普遍采用的装订形式，工艺简单、成本较低。平装书籍最大的特点是使用单层的纸张作为封面，在业内俗称为软封。（图1-19和图1-20）

图1-19　平装书籍设计

图1-20　平装书籍结构图

1.2.2　半精装书籍

半精装书籍同平装书籍一样使用单层的纸张作为封面，不同之处在于封面及封底各多出两个勒口。这两个勒口可以向内侧回折。回折的部分往往会印上作者简介或书籍的内容简介。（图1-21和图1-22）

图1-21　《重病的俄罗斯》书籍封面

图1-22　半精装书籍结构图

1.2.3　精装书籍

精装书籍分为普通精装书籍与豪华珍藏版书籍，普通精装书籍封面由纸质硬封和护封构成，而豪华珍藏版书籍往往封面使用的材料比较特殊，比如皮革、织物，甚至贵重金属等，因此豪华版书籍的成本很高，一般都是限量发行、比较有收藏意义的书籍。现在市面上常见的都是普通精装书籍，其最大的特点就是采用硬封+护封的形式。硬封起到很好的保护作用，可以防止书籍在存放过程中的磨损，护封是精装书籍独有的结构，它相当于平装书籍与半精装书籍的封面，但属于可以"活动"的封面（可更换）。（图1-23至图1-27）

图1-23　精装书籍设计

图1-24　《三国韬略》书籍设计

图1-25 珍藏版书籍设计

图1-26 珍藏版字帖设计

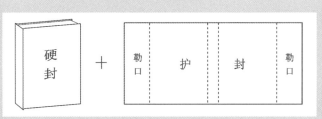

图1-27 普通精装书籍结构图

1.3　书籍常用装订方法

1.3.1　骑马订

用骑马订书机，将配好的书芯连同封面一起，在书脊上用两个铁丝扣订牢成为书刊。书页仅仅依靠两个铁丝钉联结，因铁丝易生锈，所以牢度较差。采用骑马订的书不宜太厚，适合订两个印张以下的书刊。（图1-28和图1-29）

图1-28　骑马订

图1-29　骑马订结构

知识链接

什么是印张？

印张即印刷用纸的计量单位，是指印刷一本书所需要的全开纸的张数，一全开纸有两个印刷面，即正面和反面。规定以一全开纸的一个印刷面为一印张。一全开纸两面印刷后就是两个印张。全开纸主要分A型（开本850×1168）和B型（开本787×1092），单位是毫米。

1.3.2　锁线订

将配好的书帖，按照顺序用线一帖一帖地串联起来，故而又叫做串线订。常用锁线机进行锁线订，书芯比较牢固，可以订任何厚度的书，牢固、翻阅方便，但订书的速度较慢，而且由于书背上订线较多，书籍翻阅时间久后，平整度较差，且此装订形式成本较高。（图1-30至图1-32）

图1-30　锁线订

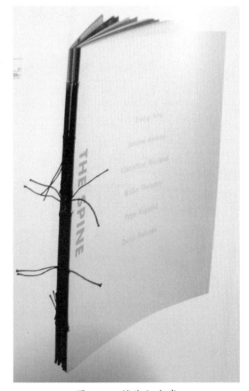

图1-31　锁线订书脊

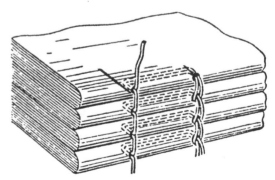

图1-32　锁线订结构

1.3.3　无线胶粘订

无线胶粘订也叫胶背订、胶粘装订，是将配帖成册的书芯在订口一侧裁切，再在书脊上施胶将书页粘牢后包上封面的装订方法。与传统的包背装非常相似。由于其平整度很好，目前，大量书刊都采用这种装订方式。但由于热熔胶质量没有相应的行业标准或国家标准，使用方法也尚不规范，故胶粘订书籍的质量不够稳定。一般短期使用或不经常翻阅的书籍可用无线胶粘订。（图1-33和图1-34）

图1-33　胶背订

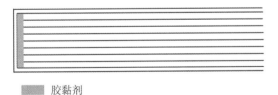

　胶黏剂

图1-34　胶背订结构

1.3.4　锁线胶背订

又叫锁线胶粘订，装订时将各个书帖先锁线再上胶。这种装订方法装出的书结实且平整，目前使用这种方法的书籍也比较多。（图1-35和图1-36）

图1-35　锁线胶粘订

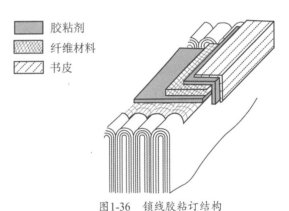

　胶粘剂
　纤维材料
　书皮

图1-36　锁线胶粘订结构

1.3.5　活页装订

活页装订是各单页之间不粘连的装订方法。一般用于日历、套装明信片等。（图1-37和图1-38）

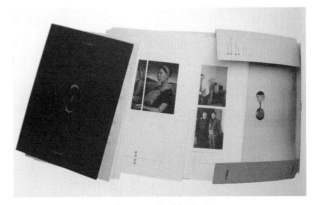

图1-37　活页订画册

图1-38　活页订书籍设计

1.3.6　金属环订

金属环订是一种专为加工活页本册等而用的订联方法。金属环可以根据书籍的厚度、大小进行加工，根据要求制成不同的形状和规格，然后将书页先打孔再穿联成册。（图1-39和图1-40）

图1-39　单孔金属环订

图1-40　金属环订

1.4　书籍的构成元素

下面以普通版精装书籍为例，介绍书籍的构成元素，以及各个关键组成部分的名称。学习书籍设计，一定要牢记这些构成元素的关系及名称，这是今后从事书籍设计相关工作的重要基础知识。（图1-41）

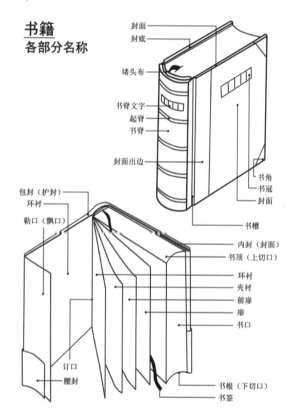

图1-41　书籍的构成元素

1.4.1　护封

护封亦称封套、包封、护书纸、护封纸，是包在书籍封面外的另一张外封面，有保护封面和装饰的作用，既能增强书籍的艺术感、促进销售，又能使书籍免受污损。护封一般采用高质量的纸张，并有前、后勒口。（图1-42和图1-43）

1.4.2　硬封

硬封亦称封面、书面、书衣、封皮。一般指裹在书芯外面的表皮，它包括封一、书脊和封四（封底）。（图1-44和图1-45）

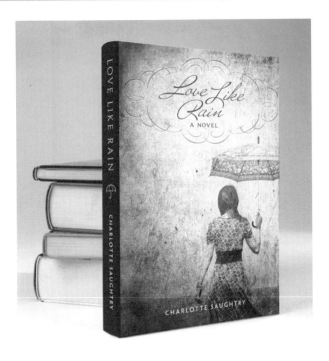

图1-42 精装书籍护封设计

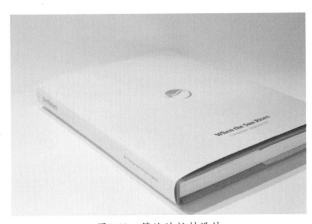

图1-43 简洁的护封设计

图1-44 纸质硬封

图1-45 织物硬封

1.4.3 书脊

书脊亦称封脊。书籍的内文页形成一定的厚度，经过装订后，便在书籍的订口部位形成了书脊。两个印张以下的书，用骑马订，没有书脊；两个印张以上的书，或宽或窄，一般都有书脊。

精装书的书脊，有方脊与圆脊之分。方脊给人感觉时尚、简洁；圆脊给人感觉典雅、优美。（图1-46和图1-47）

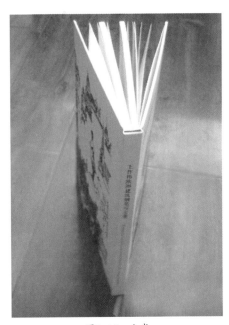

图1-46 方脊

图1-47　圆脊

1.4.4　环衬

环衬是封面后、封底前的空白页，一般选用特种纸作为环衬材料。环衬在精装书中的作用非常重要，它是连接硬封和书芯的重要结构。连接硬封封面和扉页的结构称"前环衬"，连接正文与硬封封底的结构称"后环衬"。（图1-48至图1-50）

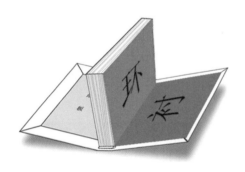

图1-48　环衬与书芯连接

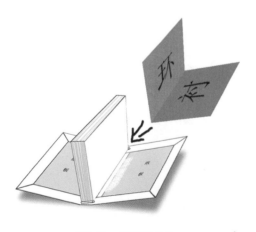

图1-49　后环衬结构

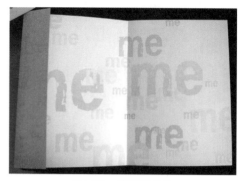

图1-50　前环衬设计

1.4.5　扉页

扉页亦称内封、副封面，即硬封封面和环衬页后面的一页。扉页除了有装饰的作用外，还有保护的作用，即使封面损坏了，正文文章内容也不易受损。

1.4.6　订口、切口

订口指从书籍装订处到版心之间的空白部分。切口是指书籍除订口外的其余三面切光的部位，分为上切口、下切口、外切口（又称书口）。直排版的书籍订口多在书的右侧，横排版的书籍订口则在书的左侧。

1.4.7　勒口

勒口亦称飘口、折口，是指平装书的封面、封底或精装书护封的切口处多留5～10cm空白处，并沿书口向里折叠的部分。（图1-51）

图1-51　护封的勒口结构

1.4.8　腰封

腰封亦称书腰纸，是图书附封的一种形式，是包裹在图书护封中部的一条纸带，属于外部装饰物。腰封一般用牢度较强的纸张制作。其宽度一般相当于图书高度的三分之一，也可更大些；长度则必须达到不但能包裹护封的面封、书脊和底封，而且两边还各有一个勒口。腰封上可印与该图书相关的宣传、推介性文字。腰封主要作用是装饰封面或补充封面的表现不足。一般多用于精装书籍。（图1-52）

图1-52　腰封设计

■ 1.5　书籍的装饰工艺

1.5.1　凸浮压印

凸浮压印是在纸张的表面制造出图像。图像可以通过酸腐蚀法或者手工雕刻制版，再把纸张平放在压力机下，通过压力的作用使纸张形成凹槽。如果需要很深的表面突起，就需要额外的热力。相比酸侵蚀工艺，手工雕刻虽然昂贵，但可以提供精致的浮雕图像。（图1-53）

图1-53　凸浮压印

1.5.2　烫金

当凸印技术和金箔、银、铂金、黄铜、紫铜等金属一起使用时，压印表面就呈现出具有光泽的金属凸起图像，热度和压力共同作用使金属箔块黏附在纸张上。（图1-54和图1-55）

图1-54　封面烫金

图1-55　硬封烫金

1.5.3　模切

模切是一种裁切工艺，模切工艺可以把印刷品或者其他纸制品按照事先设计好的图形制作成模切刀版，然后对纸制品进行裁切，从而使印刷品的形状不再局限于直边直角。现在市面上立体造型的图书，其组成部分都是通过这种方法得到的。（图1-56和图1-57）

图1-56 360度立体图书

图1-57 圆形模切

1.5.4 打孔

在纸张上留下很小的洞或者形状，使其容易撕开。切割尺子由凸起结构的金属细条构成，放置在压印机或者凸版印刷机中。尺子压在纸张上，冲孔压力在纸张上留下一行细小、齐整的小洞。激光切割可同时为多张纸打孔。（图1-58）

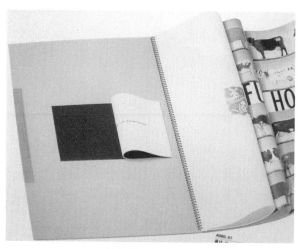

图1-58 打孔工艺

1.5.5 钻孔

钻孔可以一次对很多纸张进行打孔，以毫米或厘米标记的各种宽度的孔都可以钻。活页的环形装订采用简单的柱状钻头；螺旋装订所需要的钻孔可以通过由带有多个钻头的机器来完成。（图1-59和图1-60）

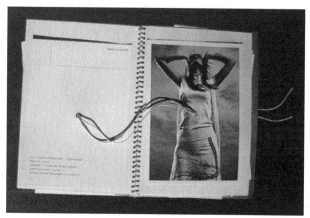

图1-59 螺旋装订

图1-60 钻孔的书籍内页

1.5.6 UV

UV是封面印制的一种工艺，指在印好的书籍封面上覆盖一种特殊的透明材料，这种材料油光透明，手感光滑。

UV油墨，又称紫外线固化油墨。它是一种非色彩油墨，无色透明，一般都覆盖在普通油墨之上，以产生一种奇特的效果。UV油墨在印刷过程中，能在一定波长的紫外线照射下发生瞬间的化学反应，使油墨从液态变为固态。人们也称UV油墨为装饰性油墨，它能在印刷品上形成各种不同效果的表层，如光滑、磨砂、皱纹、冰花、珊瑚等装饰性图案。书籍封面，局部或较大面积覆盖了这种固化材料，就会显现出一种新奇的特殊效果，为书籍封面增添视觉上的趣味与美感。（图1-61和图1-62）

图1-61　磨砂UV配合压凹

图1-62　经过UV的文字

1.6　书籍创意设计

一本精美的书会使人赏心悦目，甚至会吸引

你把书拿在手中翻来覆去地玩赏，爱不释手。为什么有的书籍设计会产生这样的"魔力"？它们或是风格隽永清丽、飘逸古典；或是色彩丰富、强烈绚烂。读者在为精美的书籍赞叹不已时，往往更多的是注意书籍本身带给人的直观感受，并不在意构成书籍美的潜在因素，而这种因素是所有精品图书拥有的共性，这就是良好的书籍创意设计。创意设计的基础，是对书籍设计原则的理解与把握。

1.6.1　美的原则

书是给人看的，同时也是可以触摸的。看书用眼睛，拿书要用手，书需要一页一页地翻，翻开才能阅读。读者对书籍的阅读过程也是对书籍的审美过程。

书籍设计的美感首先来自于人的视觉。书籍设计是集绘画、摄影、书法、艺术设计等于一体的综合产物。在书籍设计过程中，应把其中的图形、文字、色彩等元素，通过形式美的原则进行综合的设计运用，使它们一起体现、强化书籍之美。

书籍设计的美感其次是来源于人的触觉。近年来，在书籍设计中，封面及个别内页采用特种纸或其他一些材质的书籍越来越多。特种纸作为一种能够产生特殊美感的印刷材料，具有各种各样的肌理和纹路，可以在触摸时产生不同的手感，大大丰富了书籍的艺术表现语言。特种纸及其他材质的"纸张"之所以受到设计者的青睐，是因为这些"纸张"不但具有视觉的美感，而且在触觉上也给读者带来潜在的愉悦感受。（图1-63至图1-66）

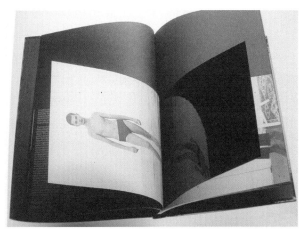

图1-63　镜面特种纸的应用

图1-64　塑料材质的封面

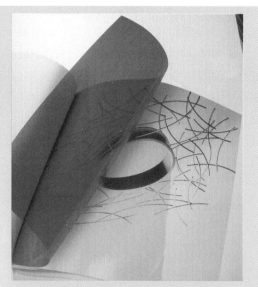

图1-65　彩色透明塑料的应用

图1-66　"海绵"内页

此外，嗅觉也是增强书籍美感的因素，因而受到一些书籍设计者的重视。虽然嗅觉是人类的非审美官能，但关于嗅觉与审美的关系，西方美学家桑塔耶那举了香水的例子：如果香水是在瓶子里，没有人会感觉到它是美的；如果从花园里飘来一阵花香，就会显得美，这是因为人们在闻到香味时联想到了花。这个例子，对我们理解书籍的气味与审美的关系会有一定的启发。书籍散发的香味会使读者产生联想，如果是对美好事物的联想，嗅觉就可以转化为美的感受。当前图书市场中有一些"香味书"，一般是青春读物、女性读物。"香味书"在翻阅时会散发阵阵清香，这往往是事先让造纸厂在造纸过程中向纸浆中加入香料。书的香味首先引起的是读者嗅觉的快感，然后转化为对书籍的审美感受。

1.6.2　统一性原则

书籍的内容是灵魂，书籍设计形式是承载灵魂的翅膀。设计中应用的所有图案、文字、色彩等都是为了向读者传达书籍的内容，如果形式不顾及内容，把一些很美的因素强行结合起来，这时的美其实也失去了它的本质，形式成了不能传达内容的无价值的形式，美也就从形式中消失了。这就要求设计者一定要熟悉原著的内容，掌握原著的精神，了解作者的写作风格和读者对象的特点等，通过提炼书籍的精神内涵去塑造书籍的艺术形式，也就是我们常说的，内容与形式要统一。（图1-67和图1-68）

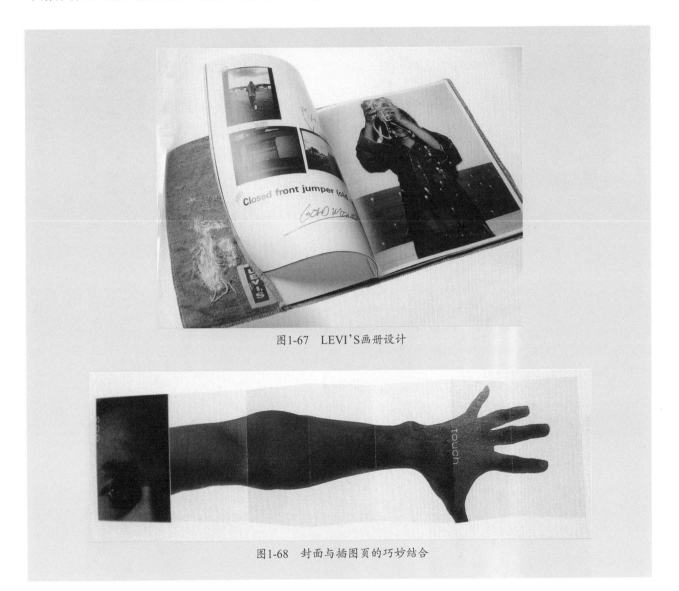

图1-67　LEVI'S画册设计

图1-68　封面与插图页的巧妙结合

1.6.3　整体性原则

书籍设计的整体性首先体现在设计元素的协调上。在进行设计时，应从整体的观念考虑和处理每一个元素，即使是最细微的地方，比如页码的大小、位置；图、文间距；页眉的设计等，都应当像设计封面那样认真对待。

其次，书籍设计的完整性与选用材料和印、装工艺也是分不开的，一个完整的书籍设计方案只是一本书的蓝图，只有通过材料作为载体，通过制版、印刷、装订等工艺手段的配合才能形成书籍成品的最终形态，实现真正完整的书籍设计。

我们强调书籍设计的整体性，但并不代表设计形式的一成不变。人翻阅图书，页面是动的，书籍也是动的。书籍设计者应从"动态"的视点出发，灵活运用设计元素，使其既生动又不失整体感。（图1-69）

图1-69　《用镜头亲吻西藏》书籍设计

1.6.4　个性化原则

由于书籍的内容不同，加上日益激烈的市场竞争，书籍的设计具有独创性和个性显得十分重要。个性化原则对于书籍设计的不同环节，要求有所不同，应该具体问题具体分析。例如，在封面设计上，个性化表现的空间比较大，无论对出版社还是作者来说，要求个性化可以更严格些；在开本、字体、字号等方面，个性化表现的空间相对较小，不是每一本书都能形成自己的特色。虽然在个性化的追求中，可能会受到纸张、印刷、装订，乃至成本的限制，但在约束中利用现有条件，设计出独具风格的书籍作品，才是一个优秀设计师应具有的素质。（图1-70和图1-71）

图1-70　画册设计

图1-71　《画魂》书籍设计

思考与练习

1. 从古至今中国的书籍形态有哪些？
2. 精装书籍的构成元素有哪些？
3. 书籍设计的原则是什么？

2 书籍封面设计项目
——《零基础漫画入门》封面设计

■ 2.1 项目综述

2.1.1 内容简介

《零基础漫画入门》是漫画师以手绘的方式教广大读者漫画的基础知识、所用工具及一些绘画原理。书籍的理念是"以漫画教漫画",其内容新颖、简明易懂、轻松活泼,符合和满足漫画爱好群体——青少年的喜好和需求,对于想专门从事漫画设计的学习者来说也是一本很好的入门教材。

书中有四个主要人物:P老师、二毛、三毛和小毛。书籍内容以P老师为中心进行展开,将漫画知识融入到有趣的故事情境中。

2.1.2 书籍的市场定位

1. 书籍适用的范围

普通高等教育

高等职业教育

成人教育

专业技能培训

2. 读者定位

专业的艺术院校本/专科生

综合性大学的艺术设计专业本/专科生

高职高专艺术设计专业本/专科生

成人院校艺术设计专业本/专科生

艺术设计培训机构学生

■ 2.2 同类书籍封面设计分析

2.2.1 同类书籍的特点和定位

据调研,目前市面上的同类书籍主要分为三类:

(1)偏重于设计制作的漫画教材。主要讲解漫画的制作过程及软件的应用。虽能使读者熟悉某些制图软件,却不能很好地传授漫画的创意思维方法。其读者群体的特点是绘画基础弱,但有较强的计算机操作能力。

(2)偏重于漫画理论的讲述,其中也会穿插很多精彩实例,但书籍内容缺乏一定的应用性。其读者群体的特点是有较强的理论学习能力,并多为

教育工作者。

(3)偏重于漫画的绘制过程,讲解详细、案例新颖。此类书籍的读者定位为漫画从业人员。

2.2.2 封面设计分析

据调研,绝大多数的漫画类教材都使用鲜艳的色彩来设计封面。就像色彩学中描述的:鲜艳、跳跃的颜色可以在短时间内引起大众的注意。总体来说,市场上漫画教材封面色彩都很丰富、构图较为繁杂。概括起来,封面可以细分为三个类型:可爱直观型、故事情节型、教辅封面型。

第一种类型是可爱直观型,封面的特点主要是:封面卡通形象突出而可爱,构图一般比较简单,突出书名字体,使读者一目了然。(图2-1和图2-2)

图2-1 可爱直观型封面

第二种类型是故事情节型,这一类型的特点主要是:封面中有多个漫画角色,具有关联性,使读者仿佛看到了一篇极短的漫画故事。(图2-3和图2-4)

图2-2　系列教材封面

图2-3　《漫画梦工厂》系列封面

图2-4 《动漫第一线》系列封面

第三种类型是教辅封面型，整体效果比较一般，没有什么新意。在众多图书中不显眼，市面中此类书籍不少，此处不再列举图例。

2.3 《零基础漫画入门》封面设计思路

2.3.1 封面设计要求

出版社对于《零基础漫画入门》的封面设计要求：

（1）封面要出现书中的老师与三个学生：P老师、二毛、三毛和小毛。

（2）封面设计要新颖、有创意、视觉冲击力强、色彩清新明快、简洁大方，并充分体现书籍用漫画讲漫画的思路与创新。

（3）书籍尺寸为：185*240（不含书脊）；要求设计书籍勒口，后勒口放丛书名，前勒口放作者

简介。

（4）出版社为：辽宁科技出版社，封面加入主编、作者和丛书名（北京电影学院动画学院新锐漫画家系列），封底加入责任编辑和封面设计。

（5）封面中放入"博艺育才"企业标志。

知识链接

什么是勒口？

勒口是指封面和封底在翻口处向里折转的延长部分（前者称"前勒口"，后者称"后勒口"）。勒口的主要作用包括：张贴作者信息、保护书籍、增加美感。设定勒口尺寸时，以封面封底宽度的1/3～1/2为宜。

2.3.2 设计思路

1. 突出书籍内容

插图是活跃书籍封面的一个重要因素，同时，对传递书籍信息也起到关键的作用。因此在设计

上，封面插图应充分体现书籍的特点和属性。《零基础漫画入门》是以漫画的形式来教漫画，绝大部分书页是黑白色调，书中插图风趣、幽默，笔触流畅。在封面图形设计中，应延续书中的绘画风格，使封面和内页在视觉上统一。

2. 色彩定位

封面的色彩设计在一本书的整体设计中具有实用和审美双重功能，通过色彩可以增加书籍的识别度、增强读者的阅读兴趣，又给读者以美的享受。通过前期调研，绝大多数漫画类教材的封面都具有鲜艳的色彩，为了突出书籍特色、体现书籍内容，《零基础漫画入门》封面色彩定位为：以黑白为主色调，高纯度的单一色彩为辅助。

3. 版面设计

在封面插图和色彩定位明确的基础上，可以提供三种不同的版面设计：简单的版面、活泼的版面与对比式版面。

> **知识链接**
>
> **什么是版面设计？**
>
> 版面设计，又称为版式设计，主要指运用造型要素及形式原理对画面内的文字字体、图像图形、线条、色块等要素，按照一定的要求进行编排，并以视觉方式艺术地表达出来，通过对这些要素的编排，使观看者能感受到画面要传递的信息。

2.4　《零基础漫画入门》封面设计方案一

封面采用单一的灰色做底，以区别市面中大部分同类书籍。在风格上，主要体现色调的淡雅、构图的简练。四个卡通形象点明书籍的主题：漫画教学。（图2-5）

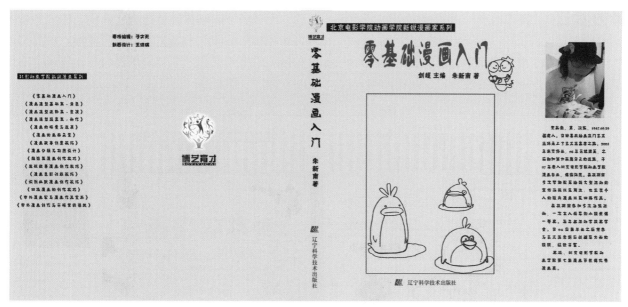

图2-5　封面设计方案一

2.5　《零基础漫画入门》封面设计方案二

整个封面将书名、漫画、工具等组成的视觉元素进行较为灵活的排版，将画面点、线、面的构成通过方向、大小、疏密的安排，按照和谐、节奏、均衡等这些美的法则组合形成比较活泼的构图。读者看到书籍时，亮黄色的"对话框"形象出现在封面上，有很强的视觉冲击力，有效地增加了书籍的识别度。书脊采用黑、黄两种颜色，强烈的明度对比能吸引读者的视线。（图2-6）

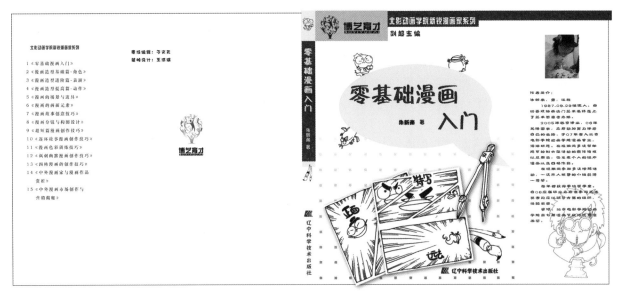

图2-6　封面设计方案二

2.6　《零基础漫画入门》封面设计方案三

　　封面和封底精选书籍中有代表性的插图，使读者能够短时间把握书籍的性质，引起他们的兴趣。

　　在封面上、下分别设计了线条装饰，体现漫画教学"规律性"的　面，在视觉上，也能吸引人的眼球。把书名下的底图进行图案化处理，体现书籍内容的轻松与活泼。书名文字做适当变形，白色勾边和插图风格相配合。书脊沿用黑白色，体现个性化的一面。（图2-7）

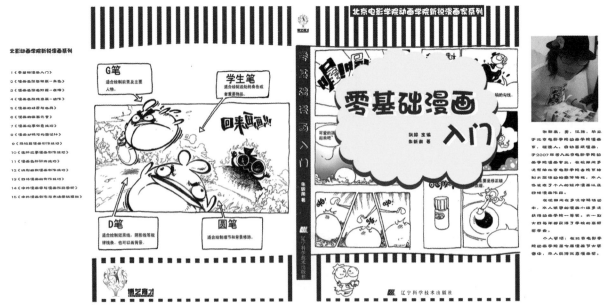

图2-7　封面设计方案三

2.7　对封面定稿方案的意见与修改

出版方从三个方案中选择"封面设计方案三"作为《零基础漫画入门》的封面初稿，对于它的修改意见包括：

（1）丛书名"北京电影学院动画学院新锐漫画家系列"在封面中不够突出。

（2）封面中应突出P老师、二毛、三毛和小毛四个人物形象。

（3）封面书名的排列不舒服，可以将"漫画入门"放在一起。

（4）书脊处的书名不明显，排列有点局促。

针对出版方的修改建议，设计者将封面进行了调整。将封面装饰线条的明度降低，突出丛书名称；将P老师作为主体，放置在书名的斜下方，二毛、三毛和小毛作为"点元素"放在下面，为了突出形象，在它们下面加了阴影；书名的排版进行调整，使阅读更流畅；书脊改为白—黄—白渐变色，调整文字间距。修改后的最终效果如图2-8所示。

图2-8　封面设计方案三修改效果

思考与练习

1. 调研十本漫画类教材，建立图像资料。
2. 分析十本漫画类教材的封面设计。

3

书籍整体设计项目
——《漫游北京》
书籍设计

3.1　项目综述

3.1.1　内容简介与定位

《漫游北京》这本书的读者定位是使用或熟知英语的外国朋友,此书是向外国友人介绍北京的一本"向导书"。通过浏览、查阅书籍,在衣、食、住、行四个方面为他们提供便利。此书在内容上具有一定的特殊性:着眼于文化差异,针对外国人在北京可能会遇到的主要问题,站在他们角度给予帮助;中英文结合,重点处的中文标注拼音,帮助外国读者在了解北京文化的同时能够接触、认识中文,从文字中体会北京文化。

通过出版社、作者、设计师三方面的沟通,此书的设计定位可以概括为:实用、轻松、便捷的"工具书"。通过此书的推广、使用,能够起到宣传新北京形象的作用,并对北京的旅游市场起到一定的推动作用。

3.1.2　内容构架

书籍内容包括7部分,分别是:

(1) Introducing Beijing(介绍北京)。

向读者有选择地介绍北京的概况。从北京名字的由来和含义开始,分别介绍了北京是中国的首都,北京的人口、主要民族、区号、车牌号、市树、市花、地理、区县划分、北京历史等信息。使外国读者对北京有个初步的了解。

(2) Places to Go(景点介绍)。

分三部分:主要景点介绍、其他景点介绍以及购物景点介绍。介绍北京最有特色的五大景点(天安门、故宫、颐和园、长城、天坛),并分别配备路线指南及实用地图;其他景点部分以简要阐述为主,并提供实用路线信息及其他实用信息;购物部分,推荐几个适合外国游客的购物场所,并配有中英文地址及路线信息。

(3) Food & Drink(饮食)。

从北京最有特色的烤鸭、老北京涮羊肉和宫廷小吃开始介绍,接着向读者推荐一些可口的中餐,并为穆斯林和素食者推荐了回民及新疆餐厅,配有联系电话、详细地址和中英文名称。接下来重点介绍北京小吃和几个老字号餐厅的位置。此外,还有24小时餐厅、茶楼、和老外夜生活的酒吧、DISCO的信息。

(4) Culture Shock(文化冲击)。

介绍具有北京文化特色的"京剧"及中餐文化,并列举一些外国游客眼里的新鲜事,比如众多的自行车、免费报纸宣传栏、北京茶缸、暖瓶等。

(5) Local Language(本地语言)。

从基础拼音和发音开始帮助外国人了解中文,里面有一些实用的例句、符号和紧急用语,并加入了精选北京话和购物时需要用到的中文。

(6) Practical Information(实用信息)。

收集了大量的实用信息。首先帮助读者识别人民币,介绍北京各银行的情况,然后介绍北京交通(地铁、公交、出租车)情况和信息。在住宿部分提供给读者各种档次的选择,比如可以选择北京最好的饭店,或者选择适合自助旅游的青年旅店。在这里,主要的实用信息都配备了地图。最后有一些常用电话号码、中国重要节日的信息及一些讨价还价的方法。

(7) Index(索引)。

从书中摘取重点词汇及一些读者会查询的地点名称、小吃名称,按照英文字母的排列顺序做出了索引检索。

3.2　市场调研

在充分了解书籍内容,并有初步的设计定位之后,应着手同类书籍的市场调研。

3.2.1　调研目的

通过调研,为《漫游北京》书籍设计提供明确的方向和相关的参考依据;根据调研分析,确定书籍的设计方案,使之能够在众多书籍中展现出自己的特色;针对旅游类图书系统地收集比较有代表性的设计作品,并用科学的方法进行分析,以此为基础,对《漫游北京》书籍设计提出建议。

3.2.2　调研内容

(1) 市场上同类书籍的详细信息,包括书名、主要内容、定价等。

（2）同类书籍的设计特点分析，包括书籍开本、色彩设计、版式设计等方面。

（3）可以借鉴的优秀书籍设计（可以不局限于同类书籍）。

（4）针对读者，调查其阅读及使用习惯。

3.2.3 调研方法

（1）文献调研法。

文献调研法主要指搜集、鉴别、整理文献，并通过对文献的研究形成对事实的科学认识的方法。文献法是一种古老而又富有生命力的科学研究方法。对现状的研究，不可能全部通过观察与调查，它还需要对与现状有关的种种文献做出分析。

在书籍设计调研中，搜集文献的渠道多种多样，文献的类别不同，其所需的搜集渠道也不尽相同。搜集书籍设计研究文献的主要渠道有：图书馆、学术会议、个人交往和互联网（Internet）。

（2）观察法。

观察法是指研究者根据一定的研究目的、研究提纲，用自己的感官和辅助工具去直接观察被研究对象，从而获得资料的一种方法。科学的观察具有目的性、计划性、系统性和可重复性。

书籍调研使用观察法时应注意以下原则：

- 全方位原则：在运用观察法进行书籍调研时，应尽量以多方面、多角度、不同层次进行观察，搜集资料。
- 求实原则：观察者需要密切注意各种细节，详细做好观察记录。

（3）比较研究法。

比较研究方法，是指将两个或两个以上的事物或对象加以对比，以找出它们之间的相似性与差异性的一种分析方法。比较研究法可以理解为是根据一定的标准，对两个或两个以上有联系的事物进行考察，寻找其异同，探求普遍规律与特殊规律的方法。

按照书籍设计调研目标的指向，主要采用求同比较和求异比较。求同比较是寻求同类书籍设计的共同点，以发掘其中的共同规律。求异比较是比较书籍的不同特点，从而说明它们的不同，以发现书籍艺术设计的特殊性。通过对书籍的"求同"、"求异"分析比较，可以使我们更好地认识设计结果呈现的多样性与统一性。

3.3 旅游类书籍市场调研

调研对象以近期上市的旅游类书籍为主，从中选择比较有代表性的10本书籍进行分析、总结。

1．书名与定价

10本旅游类书籍书名与价格如下表所示。

书名	定价（元）
《去旅行吧！》	39.00
《去，你的旅行》	32.80
《北京吃玩赏买终极攻略》	36.00
《北京小吃地图》	29.80
《走遍北京》	39.00
《胡同寻故》	36.80
《骑游京深线》	35.00
《旅游系列——北京》	39.80
《畅游日本》	48.00
《行走在宽窄之间》	36.00

2．开本

10本旅游类书籍开本如下表所示。

书名	全张纸规格	开本
《去旅行吧！》	880毫米×1230毫米	1/32
《去，你的旅行》	700毫米×980毫米	1/32
《北京吃玩赏买终极攻略》	787毫米×960毫米	1/16
《北京小吃地图》	720毫米×1000毫米	1/16
《走遍北京》	787毫米×1092毫米	1/32
《胡同寻故》	787毫米×1092毫米	1/16
《骑游京深线》	889毫米×1194毫米	1/32
《旅游系列——北京》	720毫米×970毫米	1/16
《畅游日本》	889毫米×1194毫米	1/32
《行走在宽窄之间》	889毫米×1194毫米	1/24

知识链接

如何看版权页的书籍开本？

　　首先，国际、国内的纸张幅面有几个不同系列，常见印刷纸张的规格有787毫米×1092毫米、889毫米×1194毫米、850毫米×1168毫米、890毫米×1240毫米等。因为纸张大小不同，开成若干分之一也会有大小不同。因此，具体的开本大小要看版权页上的标注，比如，开本：787×1092 1/32，是指把787毫米×1092毫米的纸张分成面积相等的32张小页，也叫做32开。

　　3．封面设计

　　以摄影图片作为书籍封面的主要元素。（图3-1至图3-6）

图3-1 《去旅行吧！》封面

图3-2 《去,你的旅行》封面

图3-3 《走遍北京》封面

图3-4 《畅游日本》封面

图3-6 《行走在宽窄之间》封面

以突出文字为主要目的的书籍封面。（图3-7和图3-8）

图3-5 《旅游系列——北京》封面

图3-7 《北京吃玩赏买终极攻略》封面

图3-8　《北京小吃地图》封面

利用图形创意丰富画面效果。（图3-9和图3-10）

图3-10　《骑游京深线》封面

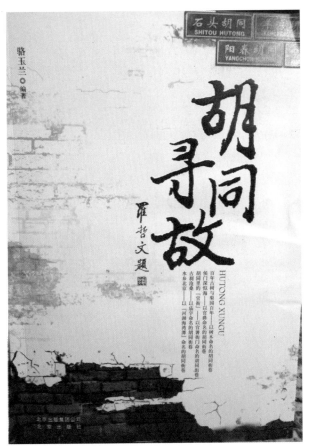

图3-9　《胡同寻故》封面

4．整体设计

《去旅行吧！》内页采用笔记本的形式，整本书好像是作者写的一本图文并茂的旅游日记，阅读起来令人轻松、愉快。内页标题设计成人们常用的"便签"形式，突出"旅行"、"记事"的主题。（图3-11和图3-12）

《去，你的旅行》采用半精装形式，与其他旅游类书籍不同，此书图片比例较小，内页通栏排版，整体色调简洁、明快。书脊文字设计具有特色，令人印象深刻。（图3-13至图3-15）

《北京吃玩赏买终极攻略》使用不同色彩突出标题，方便读者阅读和检索信息。（图3-16至图3-18）

图3-11 《去旅行吧！》内页

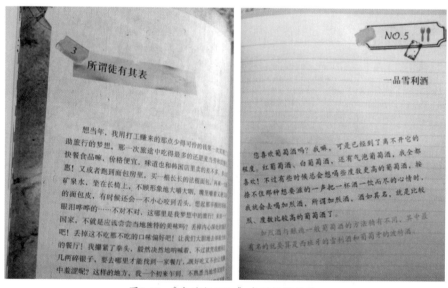

图3-12 《去旅行吧！》内页标题设计

图3-13 《去,你的旅行》书籍设计

图3-14 《去,你的旅行》内页

图3-15 《去,你的旅行》书脊

图3-16 《北京吃玩赏买终极攻略》目录页

图3-17 《北京吃玩赏买终极攻略》内页

《北京小吃地图》书籍设计强调使用功能，书中所有标题使用大的字号，效果醒目并与正文形成对比，显得疏密有致。色彩淡雅不失变化，与"小吃"主题相吻合。（图3-19和图3-20）

图3-18 《北京吃玩赏买终极攻略》导航页

图3-19 《北京小吃地图》内页

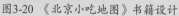

图3-20 《北京小吃地图》书籍设计

《走遍北京》外形类似字典，关于北京旅游的内容丰富、详尽。内页采用传统的双栏排版，对称的栏宽使页面显得典雅、大方。（图3-21和图3-22）

《胡同寻故》封面字体使用凸浮压印结合UV，与封面纸质形成对比。章节标题结合相关插图，突出传统、老北京味道。（图3-23和图3-26）

图3-21　《走遍北京》书脊

图3-22　《走遍北京》内页

图3-23　《胡同寻故》封面

图3-24　《胡同寻故》插页

图3-25　《胡同寻故》页眉

图3-26　《胡同寻故》题图

翻阅《骑游京深线》，自行车的"圆形"元素贯穿了整本书籍：从封面、扉页直至内页甚至封底，都能见到这一元素。在"圆形"的表现上，有的使用色块；有的使用虚线；有的使用剪影效果，表现形式的丰富多变使得"圆形"的重复不再单调，反而使整本书在视觉上很统一。（图3-27至图3-29）

图3-27 《骑游京深线》扉页

图3-28 《骑游京深线》内页

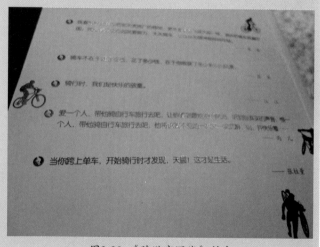

图3-29 《骑游京深线》封底

《旅游系列——北京》将地图做成可撕式内页结构，方便读者使用。内页排版中，去边框图片的使用活跃了书籍的视觉效果。（图3-30和图3-31）

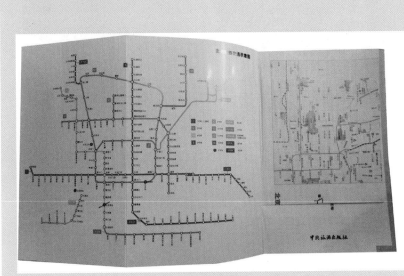

图3-30　《旅游系列——北京》可撕式地图

图3-31　《旅游系列——北京》内页

《行走在宽窄之间》将前后勒口做成"门"的造型，巧妙利用封面结构体现书籍的内容。（图3-32和图3-33）

图3-32 《行走在宽窄之间》内页

图3-33 《行走在宽窄之间》勒口

■ 3.4 市场调研分析及《漫游北京》书籍设计思路

3.4.1 市场调研分析

北京旅游业发展速度近几年来很快。北京旅游类书籍不少，中文的北京旅游指南或生活向导书籍很容易找到，有的以图片为主，有的侧重文字介绍。在装订形式上，简装所占的比例很大，定价一般集中在25元至50元范围内。书籍大小以32开本为主。通过调研可以看出，这些书绝大部分是中文的，暂没有英文译本，在内容方面更适合中国人阅读。如果在书店或网络上仔细寻找，我们可以发现有少量中英文对照版书籍，这些书虽然内容全面，但往往很重，开本大，适于在家中阅读，这与旅游类书籍的便利性相矛盾。

《环球时报》一篇报道写过：来自美国的威廉独自站在北京的街头，他刚搭长途车从西安来到北京，天色渐暗，他还没找到住处。但他并不着急，仔细翻看着手中的一本书。1小时后，他已按照书中的提示来到一家经济实惠的小旅馆。在那里，他遇到了很多同他一样在中国背包旅行的外国人，不少人手中也拿着同样的书。这本印刷普通的32开的书就是闻名全球的旅游指南《孤独的行星》（LonelyPlanet）。"我很奇怪，像中国这样的旅游大国，为什么自己不出一些这样详细又实用的书。"已经是第二次来中国的威廉这样问记者，他的疑问也反映出中国旅游产品市场还存在一些问题。

《孤独的行星》把旅游者第一手的旅行经历编写成书，除讲述世界各地的风土人情外，还详细介绍当地的吃住行等各方面信息。结果，这本书不但被西方旅游者誉为旅行"圣经"，译成多种语言版本，还给出版者带来滚滚财源，一本书能卖到近30美元，堪称旅游产品市场中的佼佼者。如今，像《孤独的行星》这样的收费旅游指南在国外越来越多，除内容详尽外，它们有个共同的特点就是实用性强，能用简练的语言告诉人们如何找到廉价小饭馆，该乘坐几路公共汽车等等。可谓一书在手，走遍天下。

与之相比，中国对旅游指南这个产品所蕴涵的商机认识不够。一位旅游界资深人士感慨地告诉记者，别人拿旅游指南挣钱，而我们却在做赔本买卖，旅游手册多是赠送，且印刷精美，有的成本很高，仅北京一年在这方面的花费就要几百万元人民币。记者曾问过好几位中国旅游界的人士，多数都不知道这本赢利的《孤独的行星》，只有一人听说

过。看来，中国旅游业应当重视发展这块前景广阔的市场。

旅游类书籍在内容及设计方面存在的问题可以概括为：

（1）缺少英文内容，不利于外国人阅读。

（2）大部分书籍不方便读者进行快速检索。

（3）在书籍开本设计上没有充分考虑便携性。

3.4.2　《漫游北京》书籍设计思路

（1）阅读方便：背着行李，或是在拥挤的地铁里，也能够很方便地进行阅读。

（2）快速检索：能够直接、快速地找到想要的信息。

（3）轻松愉快：书籍要有活泼的版面和根据内容精心设计的插图。插图在此书中的作用很重要，也许只是通过识别图像读者就知道要表述的书籍内容。

（4）实用：这是无需理由的一个理由，只是站在读者角度，人性化地考虑书籍的内容编排及整体设计。

外国游客可以通过此书来认识北京及其蕴含的文化。书籍是随身携带的，即使他们大部分会带掌上电脑，但他们还是信赖白纸和铅笔。书籍中在适当的地方会留有空白页，便于他们在紧急情况下书写。

思考与练习

1．进行市场调研有哪些方法？

2．调研十本文学艺术类书籍，并撰写调研报告。

4

任务一：书籍开本设计

4.1 任务目标

开本是进行书籍整体设计时，首先要明确下来的要素。在本章中，主要任务是根据《漫游北京》书籍内容及市场定位明确开本大小。

4.2 必备知识——开本设计

书籍设计遇到的第一个课题就是确定书籍的开本。开本就是一本书的大小，也就是书的面积。只有确定了开本的大小以后，才能根据设计的意图确定封面、内页等设计形式。

书籍的开本也是一种视觉语言。作为最外在的形式，开本仿佛是一本书对读者传达的第一句话。好的设计带给人良好的第一印象，而且还能体现出这本书的实用目的和艺术个性。比如，小开本可能表现了设计者对读者衣袋书包空间的体贴，大开本也许又能为读者的藏籍和礼品增添几分高雅和气派。设计师的匠心不仅体现了书的个性，而且在不知不觉

中引导着读者审美观念的多元化发展。

开本的确定，有纸张大小的因素。纸张的规格越多，开本的规格也就越多，选择开本的自由度也就越大。目前我国最常用的印刷正文用纸有787毫米×1092毫米和850毫米×1168毫米两种。把787毫米×1092毫米的纸张开切成幅面相等的16小页，称为16开，切成32小页，称为小32开，其余类推。在开切页数相同的情况下，使用尺寸为850毫米×1168毫米的纸张，相应的开本大小则为大16开和大32开。

纸张在书籍的成本中占有较大的比重，要尽可能节约纸张，缩小纸张的零头。还有，各种书籍适用的开本是各种各样的，有大型的，有小型的，有长方形的，也有正方形的。这些要求只能在纸张的开切方法上解决。下面介绍纸张的3种开切方法。

1. 几何级数开切法

最常见的几何级数开切法，每一种开本的大小均为上一级大小的一半，是一种最经济、最合理和正规的开切法，纸张利用率高，能完全利用机器折页，印刷和装订都很方便。（图4-1和图4-2）

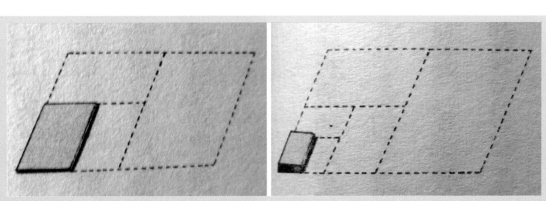

图4-1 开本的大小为上一级大小的一半

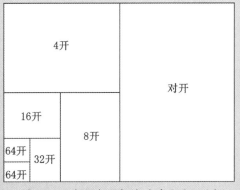

图4-2 几何级数开切法（对开至64开）

2．直线开切法

直线开切法，纸张有纵向和横向直线开切，也不浪费纸张，但开出的页数，双数、单数都有，不能全用机器折页。（图4-3）

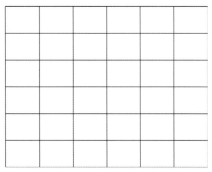

图4-3　直线开切法（36开）

3．纵横混合开切法

纸张的纵向和横向不能沿直线开切，开下的纸页纵向、横向都有，不利于技术操作和印刷，易剩下纸边，造成浪费。（图4-4）

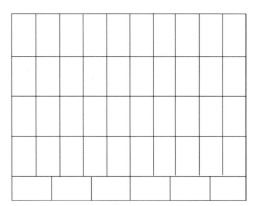

图4-4　纵横混合开切法（46开）

不能把全开纸张或对开纸张开尽（留下剩余纸边）的开本被称为畸形开本。例如，787毫米×1092毫米的全开纸张开出的10、18、28、42、56等开本都不能将全开纸张开尽，这类开本的书籍都被称为畸形开本书籍。

开本的尺寸在成书之后都略小于纸张开切成小页的实际尺寸，因为书籍在装订以后，除订口外，其他三面都要经过裁切和光边。例如787毫米×1092毫米的纸张，开切成32开本的尺寸应为136毫米×197毫米，但在印刷装订过程中，常常会不可避免地耗费一部分纸边，在装订成册时，还要在书籍的天头、地头和书口三面各切去3毫米的毛

边，所以32开本的完成尺寸一般就只有130毫米×186毫米了。

知识链接

常见的开本尺寸。

用787毫米×1092毫米纸张开切成的开本尺寸：

单位：毫米

开本	切净尺寸	开本	切净尺寸
1	762×1066	36	115×185
2	530×760	40	126×148
4	380×530	48	122×126
6	380×356	50	103×148
8	380×266	50	103×150
12	245×260	50	102×130
16	185×260	60	102×127
16	184×262	64	95×130
20	186×208	64	92×130
24	170×187	64	92×126
25	149×210	96	82×91
27	140×204	100	70×102
32	130×186	128	62×89

用787毫米×1092毫米纸张开切的畸形开本尺寸。

单位：毫米

开本	切净尺寸	开本	切净尺寸
长120	68×89	方36	124×172
方120	73×82	34	124×181
100	73×100	长30	124×207
90	73×112	方30	149×172
84	73×127	27	140×206
80	73×127	29	130×201
长72	80×127	长28	130×207
方72	92×112	方28	150×186
长60	86×149	25	152×200
横60	101×126	长24	124×261
长56	92×146	横24	170×186

4.3　任务描述

《漫游北京》尺寸大小为64开：93毫米×130豪米（裁切后尺寸）。外形非常小巧，适合手掌大小，男士女士都可以翻阅自如。此书可放进裤兜或衣兜里，随身携带方便。（图4-5）

图4-5　漫游北京书籍大小

4.4　开本设计思路

在确定《漫游北京》书籍开本时，需要充分考虑以下四个因素：

（1）书籍的性质和内容，因为开本的高与宽的比例已经初步决定了书的风格。

（2）读者对象和书的价格。

（3）原稿篇幅。

（4）现有开本的规格，因为它比较经济方便，它的美观也是经过了长期考验的。

综合以上四个因素，为使外国旅游者携带与查阅方便，《漫游北京》书籍开本可以借鉴日本的口袋书。东京地铁里，许多的日本人有埋头读"口袋书"的习惯，日本人称之为"文库书"。口袋书的尺寸只有10厘米×15厘米，男人的口袋、女人的手袋，都可以绰绰有余地装下它们。而旅行、向导类用书，便携性尤为重要。

知识链接

怎样确定开本的高宽比例。

书籍的开本有美丑之分，开本的高宽比例是否美观，可以用经过艺术训练的眼睛来判断获得。在没有按照通用的尺寸设计新的开本时，就需要根据书籍性质、读者对象和价格成本等因素去探求美观的高宽比例。根据长期积累的经验，在国际上普遍认为最美和广泛使用的比例是"黄金分割"。它的比例是1:1.618（宽:高或高:宽），它的黄金长方形可以像图例中所示的方法求得，把正方形的一边等分为两部分，用圆规把对角线画在延伸出来的基线上而得到。另一种是根-2长方形，也叫做德国标准比例（当今欧洲标准化的A系纸张尺寸），它是由回转正方形的对角线的圆弧画在延伸出来的基线上得到的。（图4-6和图4-7）

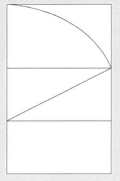
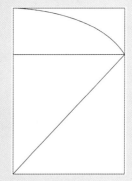

图4-6　黄金长方形　　　图4-7　根-2长方形

开本的大小和良好比例的求得还可以用黑纸剪成两个90度直角线条，在白背景上拼合成一个方形，通过上下左右移动，反复试验，直到寻找到满意的形状为止。（图4-8）

图4-8　90度直角线条

■ 4.5 开本设计案例

由于长期积累的经验和广泛的流传，形成了书籍开本的规律和格式。例如诗集，一般习惯用狭长的小开本，因为诗集都是分段的，且每一行的字数不多，使用小开本经济实惠；其次，狭长开本的形式比较秀美，在风格上体现了凝炼的诗的语言。在深入理解诗人的语言和风格的基础上，有时打破小而狭长的格式，寻找另一种更适宜体现作品内容的开本，也许会有更好的效果。如果作品配有插图，考虑到插图在诗中的布局，也可以给予一种较宽的开本。（图4-9至图4-11）

图4-9　狭长开本诗集

图4-10　32开本诗集

图4-11　宽开本诗集

经典著作和理论书籍篇幅较多，一般放在桌上阅读，其开本可以稍大些，以大32开或面积近似的开本最合适。小说、散文、剧本等文艺类读物和一般参考书，一般都可以拿在手中阅读，选用中等的小32开最好，这类书的读者多，阅读机会也多，要尽可能方便读者，书不要太重，用一只手就能托住书并能轻松地翻阅就可以了。（图4-12至图4-14）

图4-12　经典著作开本设计

图4-13　大开本设计　　　　　　　　　　　图4-14　小32开本

　　青少年读物一般都是有插图的，插图在版面中交错穿插，所以开本可以大一些。儿童读物的开本与一般书籍有所不同，可选用大一些接近正方形或扁方形的开本，因为它有图有文，图形大小不一，文字位置也不固定，而且常常是放在桌上、地上或者膝盖上阅读的。（图4-15和图4-16）

图4-15　方形开本

图4-16 儿童版《三国演义》

字典、辞典、辞海等书籍的原文有大量篇幅，内页往往分成2栏或3栏，需要较大的开本。但小词典、手册之类工具书的开本要小些，42开以下的开本就可以了。（图4-17和图4-18）

图片和表格较多的科学技术类书籍要注意图表的面积、公式的长度等方面的需要，既要考虑纸张的节约，又要使图表安排适当，这类书籍一般需要较大和较宽的开本。（图4-19）

图4-17 大开本字典

图4-18 极小开本工具书

图4-19　科学技术类书籍需要较大和较宽的开本

画册是以图版为主的，先看画，后看字。由于画册中的图版有横有竖，常常相互交替，只有采用近似正方形的开本才能安排得比较合适和实用。中

国画以狭长的条幅形式居多，书籍要体现中国画的民族特色，所以通常采用长方形的开本。（图4-20）

乐谱一般是在练习或演出时使用的，如果开本小了，每页所印的内容就少，翻页就频繁，如果把乐谱上的符号缩小，势必在演奏时看不清楚，所以一般采用16开本或大16开本，最好采用国际开本。

书籍篇幅的多少也是决定开本大小的重要因素。例如一本中等篇幅的书籍用较小的开本能够得到一个较厚的书籍。同样情况下，一本篇幅很多而又不适宜分卷出版的书籍，会得到一个太厚和粗笨难看的书脊，容易造成书口凸肚、装订断线、翻阅不便等缺陷，所以选择合适的开本对取得协调的长、宽、厚比例至关重要。

总之，上述案例及总结的经验可以作为参考，但在设计时，我们可以不受它的限制。事实上，随着印刷工艺的发展，开本的高宽比例已经是多种多样了，

图4-20　《Surface》时尚杂志

只要符合书籍内容,合理预算成本,我们可以设计出形态各异的开本。

知识链接

国外书籍开本设计赏析

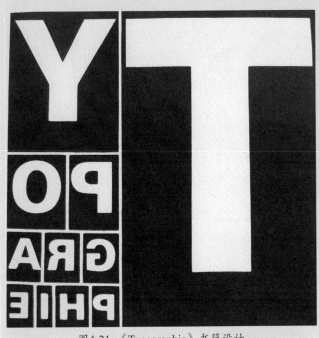

图4-21 《Typographie》书籍设计

图4-22 《拒绝名牌》书籍设计

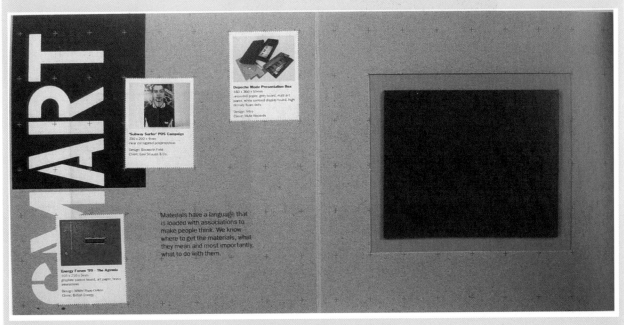

图4-23 《让艺术存在》书籍设计

图4-24　童话故事《女巫泽达的生日蛋糕》书籍设计

图4-25　《M工程》书籍设计

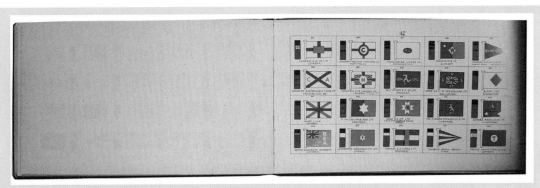

图4-26 《布朗的旗子和烟囱》书籍设计

图4-27 当代产品设计集锦《汤匙》

图4-28 插图集《一条狗的一生》

思考与练习

1．纸张的开切方法有哪些？
2．书籍开本设计要考虑哪些因素？

5

任务二：书籍切口设计

5.1　任务目标

为《漫游北京》设计外切口效果，符合便于读者查阅的设计定位。

5.2　必备知识——切口设计

书籍的切口包括三个组成部分：上切口、外切口、下切口，简单地说，就是书籍未翻阅状态下除封面、封底和书脊外的其他三个面。过去，书籍切口一直不为设计师注意和重视。现在，随着印刷技术的不断进步以及书籍整体设计理念的不断推广，书籍切口必将纳入到书籍艺术设计的范围中。

1．出血设置

切口所呈现的图形并不是直接在切口面上印刷所得，而需要在内页设置出血。

设置"出血"，其作用主要是保护成品裁切时，有色彩的地方在非故意的情况下做到色彩完全覆盖到要表达的地方。指加大页面图案的尺寸——在裁切位加一些图案的延伸，专门给各生产工序在其工艺公差范围内使用，以避免裁切后的成品露白边或裁到内容。因此，在书籍设计的时候我们就分为设计尺寸和成品尺寸，设计尺寸总是比成品尺寸大，大出来的边是要在印刷后裁切掉的，这个要印出来并裁切掉的部分就是印刷出血。出血范围一般是3毫米。（图5-1）

图5-1　出血设置

举个例子：想要剪下一张印在白纸上的图片，如果大家按图片的边缘剪，不管多认真，这样剪出的成品会带一点未剪干净的白纸，留下的白边会让人感到不舒服。有什么方法保证剪出的图片不带白边吗，其实很简单，就是制作排版时将色彩的界线稍微溢出，也就是加大。这样成品尺寸不变，也为剪切效果增加了一分保险。实际工作中，例子中的图片可能是各种形状、色彩的图形，但其中的道理是一样的。

现在实行的出血位的标准尺寸为3mm。就是沿实际尺寸加大3mm的边。这种"边"按尺寸内颜色的自然扩大就最为理想。出血位统一为3mm有几个好处：

（1）制作出来的稿件，不用设计者亲自去印刷厂告诉他们该如何裁切。工人会按稿件中的裁切标记执行工作程序。

（2）在印刷厂拼版印刷时，可以最大限度地利用纸张的使用尺寸。

2. 检查纸张纤维排列

切口处的平整程度，直接影响书籍的艺术效果，我们需要了解如何检查纸张纤维的排列。

机制纸的纤维是顺着一个方向排列的（纤维的排列方向也称为纸张的纹路）。在装订时，浆糊或胶水涂在纸上，纸张会受潮沿着与纤维排列的相反方向伸展，错误的排列方向会造成订口与切口处不平整的波浪形起伏，既不美观又影响翻阅，所以纸张纤维的方向要与订口保持平行，就是要从上而下。在装订时应尽可能用干的胶水和较好的压力减轻这种问题。另一种补救的方法是在书籍的前后用正确排列方向的纸张，而在中间用错误排列方向的纸张。（图5-2）

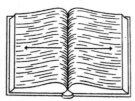

图5-2　订口与纸张纤维方向

检查纸张纤维排列的方法：

（1）撕纸法。

从上往下撕和从左往右撕，比较光滑的是纤维排列的方向，粗糙的不是。

（2）湿纸法。

在上面和侧面平均涂上少量的水，出现波浪形起伏的一面不是纤维排列的方向。

（3）指甲刮擦法。

在上方和侧方用两个指尖夹紧，用指甲刮擦，结果与上相同。（图5-3）

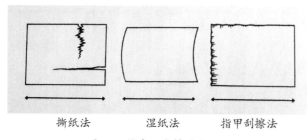

撕纸法　　　湿纸法　　　指甲刮擦法

图5-3　检查纸张排列的方法

造纸厂生产的纸张有宽规和窄规两种，宽规的纤维向宽边排列，叫竖纹，窄规的纤维向窄边排列，叫横纹。对各种规格纸张的纤维排列方向应有所了解，并要制作一本排列方向正确的样书作为标准。（图5-4）

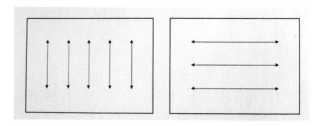

图5-4　宽规与窄规

5.3　任务描述

《漫游北京》书籍外切口最终效果如图5-5所示。

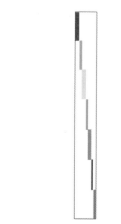

图5-5　《漫游北京》书籍外切口效果

5.4　外切口设计思路

书籍外切口的设计最重要的是体现其功能性。《漫游北京》使用"北京"英文缩写"BJ"作为外切口的文字元素，并应用毛笔笔刷效果与文字搭配设计页边，通过不同色彩和位置来区分书籍内容（七大类别）。读者可通过书侧面的颜色翻阅查询相关内容，就像查阅字典一样便捷，节省时间，增强了便利性。

此书外切口分为七种颜色：红、橙、黄、绿、蓝、紫、灰，不同颜色分别代表一个主题，整体亦像七彩虹，象征"北京文化绚丽多彩"。七种颜色的CMYK值分别是：

红：C：0 M：100 Y：100 K：0
橙：C：0 M：50 Y：100 K：0
黄：C：0 M：10 Y：100 K：0
绿：C：70 M：0 Y：100 K：0
蓝：C：80 M：0 Y：0 K：0
紫：C：50 M：90 Y：0 K：0
灰：C：0 M：0 Y：0 K：40

介绍北京部分使用了古都标志性颜色——红色，象征北京的红城墙、红色旅游；饮食部分使用黄色，黄色是北京的宫廷色彩，许多北京特色小吃又是黄色的，像豌豆黄、小窝头、驴打滚儿等，同时黄色让人有食欲；介绍文化差异和语言部分分别使用了绿色和蓝色，象征常青与和平，反映北京文化和语言的历史悠久，常青不衰；橙色和紫色是国际性色彩，橙色让人有活力，促使人们参加户外运动，又是北京象征色彩红色和黄色的混合，故用在了景点介绍部分；紫色神秘而严肃，出现在实用信息部分，象征信息的可靠性；最后以灰色作为索引部分的主色彩。（图5-6）

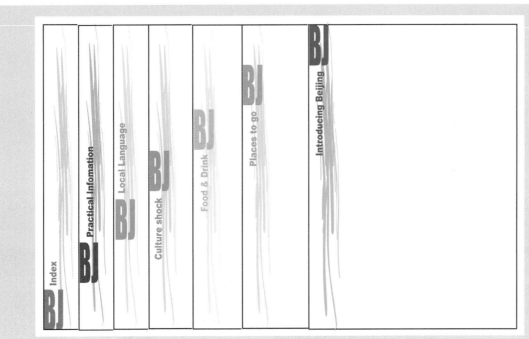

图5-6 《漫游北京》书籍外切口色彩分类

5.5 切口设计案例

吕敬人设计的《梅兰芳全传》的书籍外切口很有特色，将梅兰芳一生中具有代表性的两个形象通过读者的左右翻阅呈现出来，读者与书的主角有了超越时空的对话。此设计通过精确的计算将照片按页数作了均匀分割，而且计算出每一帖纸张厚度切口数值补差，加上准确和毫厘不差的印刷、折页、装订、切割成书，才能在切口平面上呈现出因左右翻动而变化的梅兰芳人物形象。（图5-7）

《当代美国摄影年鉴》的切口（含上切口、外切口、下切口）是360度全景视角图片，把书打开，所有的页码展开成扇形时，整幅图片可以完整地展现出来。此书每一页的三个切口处都印有3毫米宽的图片片段，细节处理非常完美，让人感觉奇妙无比。（图5-8）

图5-7 《梅兰芳全传》外切口设计

图5-8 《当代美国摄影年鉴》切口设计

知识链接

书籍切口设计赏析

图5-9 介绍中国传统图案的书籍切口设计

图5-10 《民间赛宝》切口设计

图5-11　吕敬人书籍设计作品《黑与白》

4. 酒徒

然而，真正的音乐，不仅存于耳中，更存于心中！观众的心中，那微妙的琴调，那天籁的歌声，如同复读机般一遍又一遍的在心中回荡，回荡，回荡...

猛然惊醒，就好似突然被一双有力的大手拉出了泥潭，抬起腕表，忽觉已过数十分钟，苦然一笑：还以为只有几十秒呢！

骤然强盛的灯光突然晃乱了目光，匆忙间抬头向台上望，只见空无一人，如以前那般同样整洁，如果不是周围那三五成群的窃窃私语，或许，所有人都会认为：这，是一场梦啊...一场美好的梦。

正在此时，路霓慢慢地走上场，目光，神色不再

28

如同先前那般强势，好诈，反而微微透出一种落寞，以及...心甘情愿。

再次张口，不像从前的故意做作，缓缓的声调透出平静"夏霖影，你的琴艺...我服。这一局不用评分了，我...认输。"

这一次，不知为何，自路霓讲话开始，全场都似一汪静水，未曾出现一点骚动，他们心中所想，除了他们自己，再无人知晓，或许，他们认为，这是...理所当然的吧...

路霓还想开口说些什么，旋即被一个冷漠而又有几分温婉的好听女声抢先打断："路霓，你还算是有些自知之明。大文学 www.dawenxue.net 其实你的舞蹈说实话，很不错。若非我运用了一些特殊技巧，在舞蹈上，我不是你的对手..."说这话的，正是刚才跳舞的千雅玉——五。

路霓听了，微微一怔，随即又恢复了她那原本娇柔矫作的语调，只是这一次，略略多了些猖狂："哼，输了就是输了。我也不会再在这个问题上纠缠什么。不过，挑战的规矩是三局两胜。而接下来两局的胜利，依然会是我的！好了，第一局——夏霖影胜。"

略微顿了一顿，显然，虽说不再纠缠什么，但对于这一次的失败还是有些耿耿于怀的。

薛景寒的脸紧紧的贴在车窗上，目不转睛的瞪着舞台，边看边道："这是...这是个什么情况啊？那女生还是人吗？我说，凌大少爷，你可得认真查查这女生到底从什么来头了。按照你的说法，到中午之前她

29

图5-12 《黑与白》书籍内页

图5-13 《乃正书昌耀诗》书籍设计

图5-14 《手语》书籍设计

图5-15 《初学英文》书籍切口设计

图5-16 《不裁》书籍设计

图5-17 《NEW VOICE》书籍设计

图5-18　施德明书籍设计作品《你看》

思考与练习

1. 书籍的切口包括哪三个组成部分？
2. 什么是出血设置？

6

任务三：封面设计

6.1 任务目标

为《漫游北京》设计封面，并设计符合书籍内容的书名字体。

6.2 必备知识——封面设计中的要素

封面是书籍设计的重要组成部分，是书籍最外面的"衣装"。封面也称为"书皮"、"封皮"、"书面"，中国古代则称为"书衣"，形成于书籍成为册页形式之后。

封面包括平装和精装两种。如第一章所描述，平装书（含半精装）的封面是"软封"，与"书芯"在书脊处黏贴为一体。精装书的封面，包括护封和硬封两部分，其中护封是独立封面，是可以拆换的。

我们在进行封面设计之前，需要了解封面的组成元素，下面以护封（与半精装书籍封面结构相同）为例，分别介绍封面、书脊和封底的构成元素。虽然并非所有下面提及的要素都会在图书封面中出现，但设计者明确这些元素的位置是非常重要的。（图6-1）

封面构成元素	书脊构成元素	封底构成元素	勒口元素
书名 作者全名 图像 出版社	书名 作者全名 出版社	ISBN条码 零售价格 图书描述 评论者评论 作者简介 已出版作品目录	图书描述 评论者评论 作者简介 已出版作品目录

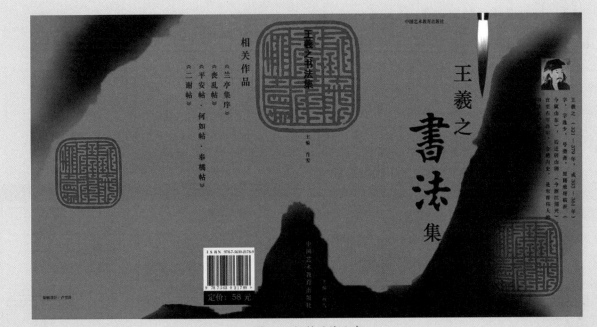

图6-1 护封设计元素

6.3 任务描述

《漫游北京》书籍封面设计的最终效果如图6-2所示。

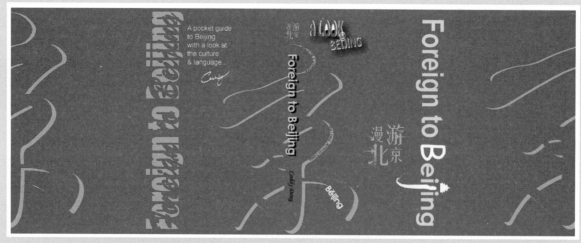

图6-2 《漫游北京》封面

6.4 《漫游北京》封面和书名字体设计与制作步骤

6.4.1 封面设计与制作步骤

6.4.1.1 封面设计

此书在封面、书脊、封底的设计上主要是利用文字的排列及字体的设计变化。主色使用北京的象征色彩"红色"，封面配合亮黄色醒目标题"Foreign to Beijing"。封面英文字体中变换"B"、"j"字形，突出北京缩写，其中"j"字母上一点为北京的象征性标志及北京市旅游局标志的主体——天坛图形，下面为手写体，类似中国毛笔书写的感觉。这两点变化，使文字变得活泼，同时又具有象征意义，突出了"北京旅游"的主题。楷体"京"字把封面、书脊、封底连为一体，形似中国龙，义是北京城，采用灰色，象征了北京胡同、四合院。封面中，概括了书中的主要内容，用小号英文书写，依"京"字排列，活跃画面又不至于喧宾夺主。封面左上角"A Look at Beijing（北京一瞥）"，反应了书中的主题。把"LOOK"拟人化，两只眼睛好奇地看着下方的内容，配上活泼的字体更具亲和力。

封底短短几行的白色字体概括了全书的重点内容，吸引读者去翻阅购买。

书脊设计简单明了，突出书名与作者，灰色的

"京"字横条纹打破了竖长书脊的方向。

封面设计整体看上去简单却涵盖要表达的所有信息，通过色彩、文字变化赋予象征意义，设计元素中西融合，使外国人从封面开始了解北京，感触北京文化。

6.4.1.2 封面制作步骤

1. 步骤一：确定封面尺寸

（1）在Photoshop CS3软件中新建一个文件，根据事先开本的设定，我们把宽度设定为327mm，高度设定为136mm（含出血与勒口尺寸）。颜色模式选定为CMYK，分辨率设置为300像素/英寸，命名为"封面"，如图6-3所示。

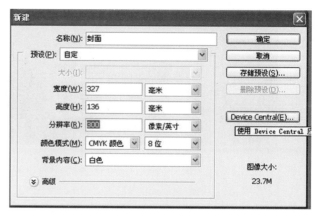

图6-3 新建文件

（2）在新建文档中使用参考线，将封面、书脊、封底、勒口、出血线分别标识出来，如图6-4所示。

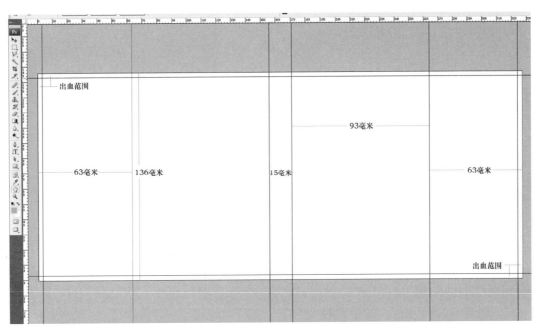

图6-4 使用参考线标识范围

2．步骤二：确定底色

（1）在窗口中调出"颜色"选项，将颜色的CMYK值分别调为C：0 M：100 Y：100 K：0，如图6-5所示。

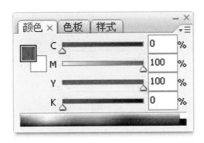

图6-5 确定底色

（2）用"填充"工具将整个矩形填充，如图6-6所示。

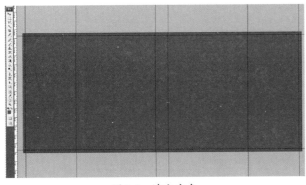

图6-6 填充底色

3．步骤三：文字排版

（1）将前景色的CMYK值分别调为C：35 M：28 Y：25 K：0，如图6-7所示。

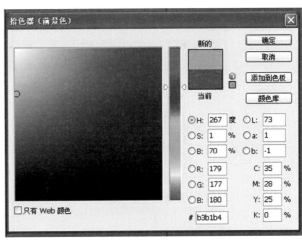

图6-7 设定前景色

（2）选择华文行楷，输入灰色"京"字，调大小，再将"京"字图层进行复制，如图6-8所示。

（3）将副本"京"字填充为同背景一样的红色，调整大小及位置，如图6-9所示。

（4）将两个文字图层合并后复制，调整位置及大小，如图6-10所示。

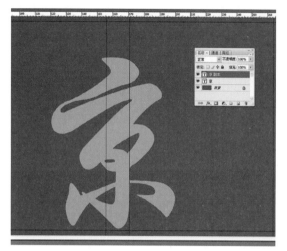

图6-8　输入"京"字

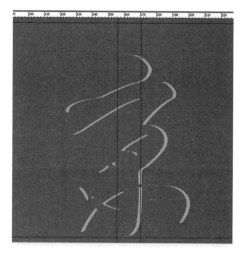

图6-9　调整文字的位置

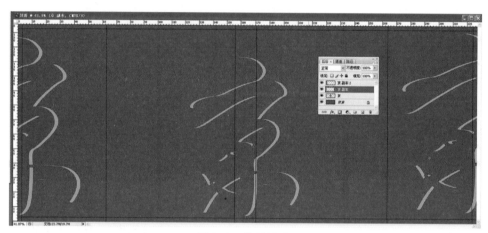

图6-10　复制图层

（5）在工具栏中选择"直排文字工具"，分别在封面、书脊、封底输入英文，字体分别是Arial Narrow和Impact。调整文字颜色、大小及位置，如图6-11所示。

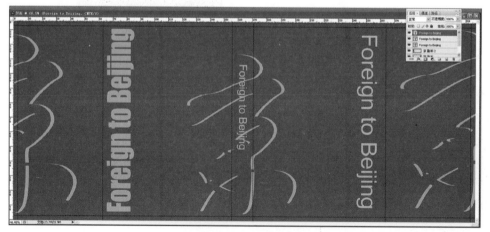

图6-11　输入英文

4．步骤四：编辑文字

（1）将封面"B"字母设置为Comic Sans MS

字体并填充白色，将字母"j"删除，如图6-12所示。

图6-12　编辑封面英文

（2）选中书脊处英文图层，单击图层面板下方的"添加图层样式"按钮并选择"投影"选项，如图6-13所示。

图6-13　添加图层样式

（3）出现"图层样式"对话框，数值设置与最终效果如图6-14所示。

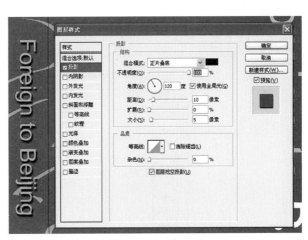

图6-14　对话框设置

（4）使用背景"红色"，在封底输入"Foreign to Beijing"，字体选择Brush Script Std，调整位置及大小，如图6-15所示。

（5）在Photoshop CS3中的设计告一段落，将文件存储为TIFF格式，设计效果如图6-16所示。

图6-15　文字叠加

图6-16　设计效果

（6）在Illustrator CS软件中打开"封面.tif"（高版本以下操作相同），在工具面板中选择"钢笔工具"，如图6-17所示。

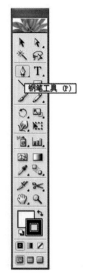

图6-17　选择钢笔工具

知识链接

Photoshop和Illustrator的区别。

在计算机中，图形与图像是两个不同的概念。

图形：指矢量图形。若一张图片是矢量图形，则它在计算机内的存储方式为点和线。这类图形无论如何放大缩小都不会失真，我们在进行设计时为保证文字不失真，一般都把它存成图形，而Illustrator就是图形处理软件。

图像：即位图。位图在计算机中的存储方式是像素。优点是可以细致地处理图像，做一些特殊效果，在色彩处理方面比图形软件做得更耐看。缺点是文字经放大或缩小后容易失真，打印出来若不是原尺寸（即建立时的尺寸）则很容易模糊。Photoshop就属于处理图像的软件。

在进行书籍设计时，我们可根据需要选择这两款不同的软件，充分发挥它们各自的不同特色。

（7）如图6-18所示，沿"京"字画一条路径。

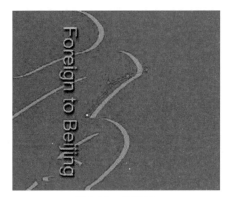

图6-18　画路径

（8）在工具面板中选择"路径文字工具"，在所画路径上单击，前景色选定"灰色"，输入英文"Beijing Language"，字体为Calisto MT，字号为7pt，如图6-19所示。

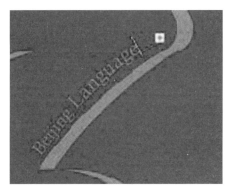

图6-19　沿路径输入文字

（9）换不同的位置重复上步操作，并调整前景色（此处不再赘述）。在封面"j"的位置按字母形状勾画路径，选择"窗口"→"画笔库"→Artistic_Ink，如图6-20所示。

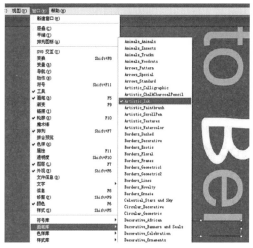

图6-20　选择画笔库

（10）在Artistic_Ink面板中选择第一个画笔样式，路径填充颜色设置为白色，宽度设为0.5，如图6-21所示。

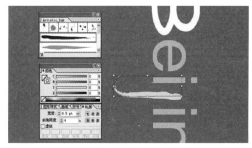

图6-21　应用画笔样式

（11）将"天坛"剪影图形放置在字母"j"上。至此，主体设计完成，将文件保存为"封面.ai"，效果如图6-22所示。

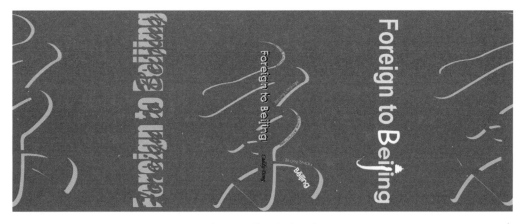

图6-22　封面主体效果

6.4.2　书名字体设计与制作步骤

6.4.2.1　书名字体设计

在设计书名字体时，根据书的封面色调，设计师将文字定为灰色，与封面中的英文字体的颜色相同。因为封面的底色为红色，色彩已经比较艳丽，考虑到整体效果，画面中不适合采用过多的色彩，而灰色放在红色底色中比较突出，视觉上也较柔和。

在形态设计上，考虑到书籍的内容是旅游导向类，由此联想到了"箭头"的形象，寓意通过阅读此书籍，读者可以很便利地找到自己的目的地。

6.4.2.2　书名字体制作步骤

1.　步骤一：扩展文字、调整大小

（1）在Illustrator CS软件中新建一个页面（默认大小即可），输入"漫游北京"，颜色选定为封面中的"灰色"，字体为"方正姚体"，如图6-23所示。

图6-23　输入文字

（2）选中文字，选择对象→"扩展"命令，将文字路径化，如图6-24所示。

图6-24　选择"扩展"命令

（3）依然保持文字的选中状态，选择对象→"解散群组"命令，将文字解组，如图6-25所示。

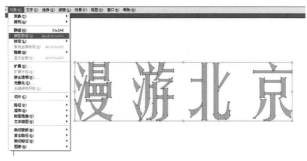

图6-25　文字解组

（4）使用"选择工具"，依次调整四个字的位置及大小，如图6-26所示。

图6-26　调整位置及大小

2.　步骤二：设计箭头

（1）使用"矩形工具"在空白处画一个长矩形，矩形高度同文字的横画，色彩依然为"灰色"，如图6-27所示。

图6-27　画矩形

（2）选择"多边形工具"，在空白处单击，在出现的对话框中将边数设置为3，单击"确定"按钮，如图6-28所示。

图6-28　画三角

（3）调整"三角形"的位置及大小，调整好后将"矩形"与"三角形"全选，如图6-29所示。

图6-29　选择对象

（4）选择"窗口"→"修整"命令，在"修整"面板中单击"合并"按钮，如图6-30所示。

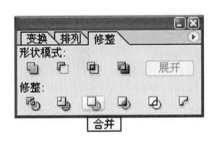

图6-30　合并对象

3．步骤三：设置渐变、替换笔画

（1）在"渐变"面板中，将渐变类型设置为"线性"，颜色设置为从红色到灰色的渐变（参照封面颜色），如图6-31所示。

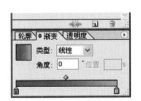

图6-31　设置渐变

（2）将设计好的"箭头"替换"北"字的横画，适当调节粗细，使其完全覆盖原有笔画。再使

用"直接选择"工具将"漫"字的一点删除，如图6-32所示。

图6-32　调整笔画

（3）按照步骤二的顺序将其他箭头依次制作出来，全部填充红色到灰色的渐变，制作好后替换相应的文字笔画，并将文件保存为"书名字体设计"，以备后面使用，如图6-33所示。

图6-33　替换笔画

4．步骤四：置入封面，完成制作

将制作好的文字置入"封面.ai"，调整大小及位置，如图6-34所示。确认无误后输出文件为TIFF格式，以备印刷使用。

图6-34　置入封面

6.5 封面设计要领

6.5.1 图形设计

图形是书籍封面设计的重要组成部分，它往往在画面中占很大面积，成为视觉中心。同时，图形含有丰富的内涵，它是封面设计创意中非常重要的表达元素。图形分为具象图形与抽象图形两种，在书籍设计中，将多种图形元素编排在一起一般包含以下几种方式。

1. 具象与具象的组合

具象图形运用写实手法，使读者能从直观形象中了解书籍的内容、性质，给人的印象是真实的、立体的。具象图形常见的表现手法有摄影、手绘水彩、水粉、喷绘等。具象与具象素材组合后应变化出有象征意义的图形，换句话说，图形背后要蕴含一些有"意味"的提示，这样的图形才会有感染力，否则会显得平淡、乏味。（图6-35至图6-38）

图6-35 《Word's Word》书籍封面设计

图6-36 《BEST DRIVE》书籍封面设计

图6-37 《中国民间泥彩塑集成——泥人张卷》书籍封面设计

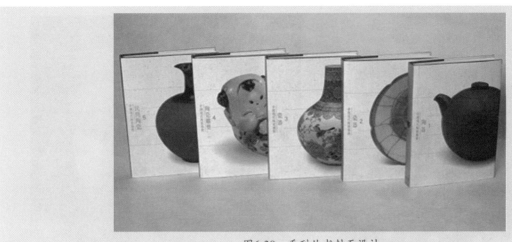

图6-38　系列丛书封面设计

2. 具象与抽象的组合

具象和抽象的组合是较常用的图形组合方式，视觉效果生动，能够形成有意味的空间感觉。组合的关键是在形象之间构筑出一种奇特的空间效果，这样产生的图形富有趣味性，以强烈的视觉效果吸引读者的关注，引导读者潜在的消费需求。（图6-39至图6-42）

图6-39　具象与抽象结合的封面设计

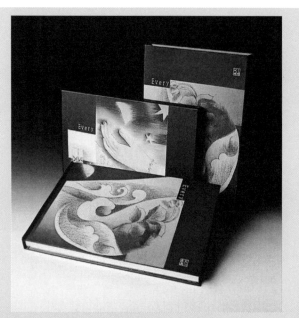

图6-40　用抽象图形衬托具象图形的封面设计　　　　　　图6-41　绘画形式的书籍封面

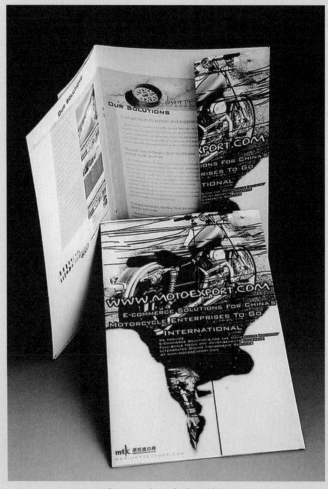

图6-42　企业宣传册封面

3. 纯抽象的组合

抽象的表现手法是以点、线、面来表现主题及构成形式，用点的聚散、线的疏密、面的大小对比来表现层次。纯抽象的组合能产生新奇、有节奏、有韵律的视觉感受，可以产生富于变化的视觉效果。

在设计中，若考虑运用抽象图形作为主体元素，在编排设计时应注意点、线、面的对比及和谐。如点的大小、虚实对比，线条的刚柔、粗细对比等，此外还要考虑这些元素之间的和谐与呼应，组合与穿插。（图6-43至图6-50）

图6-43　纯抽象图形封面设计

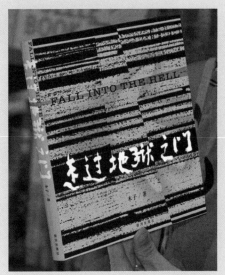

图6-44　《走过地球之门》书籍封面

图6-45　《第二届当代雕塑艺术年度展》封面设计

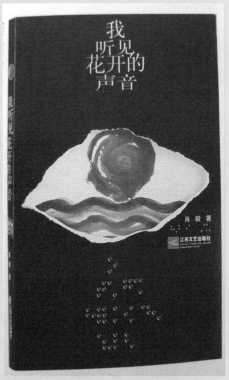

图6-46 《我听见花开的声音》封面设计

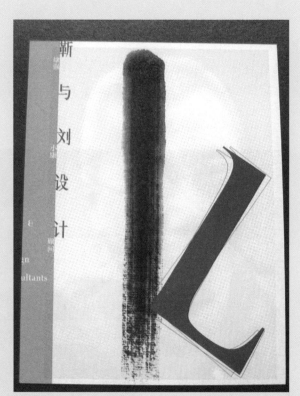

图6-47 《靳与刘设计》书籍封面

图6-48 以线、面元素为主的封面设计

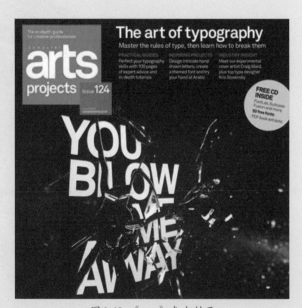

图6-49 《arts》杂志封面

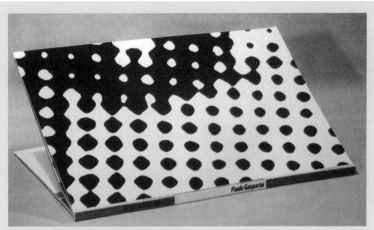

图6-50　委内瑞拉摄影画册封面

6.5.2　书名文字设计

文字是封面中最重要的信息传达要素。文字不仅在字面上帮助读者理解内容，同时通过字体的选择及设计，可以加强书籍内容的体现与表达。封面中文字包括书名、丛书名、作者名、出版社名、内容简介等，其中的书名往往是文字设计的重点。

我们需要根据书籍的性质和内容要求，选择合适的字体作为书名，根据需要将字的结构和字形加以适当的美化和夸张，使其形象化。书名字体的设计可以概括为以下几种方式：

（1）连笔。

两个或多个文字共用同一笔画。巧妙地使用笔画的连接可以使文字具有良好的整体感。（图6-51）

图6-51　连笔

（2）变异。

将文字中个别笔画做特殊的形态处理，比如粗、细、曲、直等的变化，或者在色彩上做有别于其他笔画的处理，这些都可以使变化了的笔画形成视觉上的焦点。（图6-52）

图6-52　笔画变异

（3）外形变化。

汉字的外形是方形，因此，字体的外形变化适宜于方形上的变化，比如长方形、扁方形和斜方形等，有时也可以使用其他形状，如圆形、三角形、菱形等，但应慎重使用，以免影响文字的辨识性。（图6-53）

（4）移花接木。

图形设计中经常采用移花接木的表现手法，即将两种或两种以上的图形组合、连接在一起，产生突破常规视觉经验的、新奇的图形形象。文字作为固定的信息符号，在人们印象中有着稳定的笔画形状和固定的结构特征，当将两种不同特性的笔画组织在一起时，便打破了人们的常识性认识，使其在视觉和心理上产生新鲜的感觉。（图6-54）

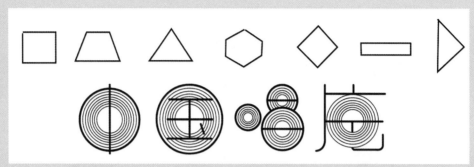

图6-53 外形变化

图6-54 移花接木

（5）装饰美化。

对文字的装饰美化，通常依据字意与要求，利用其他图形、纹饰或肌理效果对文字笔画或外形加以修饰，使文字突破单纯抽象的线条样式，变得华丽、富有质感，增强其艺术美感。也可以使用图形、纹样填充笔画或附加于笔画之上，使文字具有丰富的视觉印象，做到字、形、意互为映衬，增强阅读的趣味性。（图6-55）

（6）真实材料。

据有关调查，我们生活中所看到的文字95%以上是静态的、二维的、抽象的线形符号，我们意识中的文字就是有形状、大小、色彩、方向等元素。仔细寻找，利用"真实材料"创作的文字在生活中并不少见，如店面招牌中的金属字，建筑立面的霓虹字、亚克力字等，只是因为距离的原因，我们可能只注意到它们的形与色，而忽视了它们所使用的材料。利用真实材料创作文字并应用在一些设计中，是一些设计师乐于尝试的事情，因为文字一旦有了材料所赋予的质感，便给人以触感及综合的视觉心理体验，从而激发、调动起人们极高的阅读兴趣，达到信息传播的高效性。（图6-56）

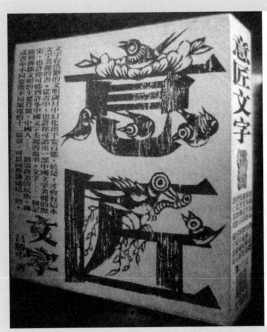

图6-55　装饰美化

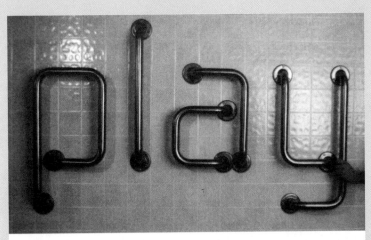

图6-56　真实材料

6.5.3　色彩设计

　　色彩在封面设计上占有很重要的地位，读者往往先看见色彩，后看见文字和形象。所以我们说，色彩是造型艺术作品给人的第一印象。

　　白色的封面很容易弄脏，它必须通过上光或裱透明薄膜来加以保护。大多数的设计者喜欢涂一层与书籍内容有联系的底色，以造成某种气氛和吸引读者的视线。（图6-57至图6-59）

图6-57　《青铜调》封面

图6-58　《东南亚古史》封面

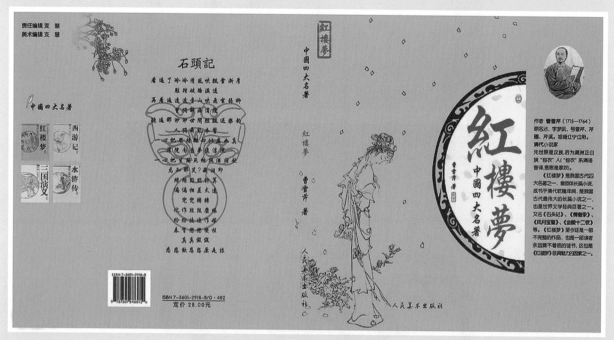

图6-59　《红楼梦》封面

封面的色彩一般与书籍内部的色调相协调，但它可以更强烈一些和采用更多的对比方法，以增强广告效果。明亮和温暖的色彩能使人产生一种错觉，似乎这本书籍面积变大了一些。大块的互有联系的色彩能增强协调的色彩效果，但缺少组织的杂乱色块会使人产生不安定的感觉。（图6-60至图6-62）

图6-60 画册封面

图6-61 艺术设计类书籍封面

图6-62 《沸腾之城》封面

封面的色彩也可不受自然色彩的束缚，根据书籍内容的需要进行适当的夸张和变化，达到加强装饰的视觉效果。（图6-63至图6-66）

图6-63　《当狮子遇到孔雀》封面

图6-64　《中国京剧脸谱艺术60讲》封面

图6-65　《家装家居》封面

图6-66　杂志封面

在书籍封面的色彩设计上，不能单凭主观选择，一要从书籍内容出发，理解色彩在表现内容上的视觉与心理上的感受；二要以读者为主体，从性别、年龄、认知度、民族性、地域性、流行性、关注度等研究他们的心理、情感、喜好。（图6-67）

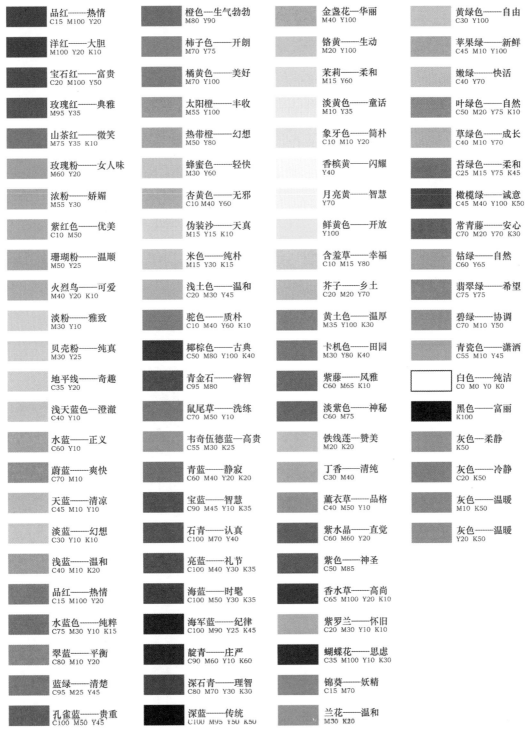

品红——热情 C15 M100 Y20	橙色—生气勃勃 M80 Y90	金盏花—华丽 M40 Y100	黄绿色——自由 C30 Y100
洋红——大胆 M100 Y20 K10	柿子色——开朗 M70 Y75	铬黄——生动 M20 Y100	苹果绿——新鲜 C45 M10 Y100
宝石红——富贵 C20 M100 Y50	橘黄色——美好 M70 Y100	茉莉——柔和 M15 Y60	嫩绿——快活 C40 Y70
玫瑰红——典雅 M95 Y35	太阳橙——丰收 M55 Y100	淡黄色——童话 M10 Y35	叶绿色——自然 C50 M20 Y75 K10
山茶红——微笑 M75 Y35 K10	热带橙——幻想 M50 Y80	象牙色——简朴 C10 M10 Y20	草绿色——成长 C40 M10 Y70
玫瑰粉——女人味 M60 Y20	蜂蜜色——轻快 M30 Y60	香槟黄——闪耀 Y40	苔绿色——柔和 C25 M15 Y75 K45
浓粉——娇媚 M55 Y30	杏黄色——无邪 C10 M40 Y60	月亮黄——智慧 Y70	橄榄绿——诚意 C45 M40 Y100 K50
紫红色——优美 C10 M50	伪装沙——天真 M15 Y15 K10	鲜黄色——开放 Y100	常青藤——安心 C70 M20 Y70 K30
珊瑚粉——温顺 M50 Y25	米色——纯朴 M15 Y30 K15	含羞草——幸福 C10 M15 Y80	钴蓝——自然 C60 Y65
火烈鸟——可爱 M40 Y20 K10	浅土色——温和 C20 M30 Y45	芥子——乡土 C20 M20 Y70	翡翠绿——希望 C75 Y75
淡粉——雅致 M30 Y10	驼色——质朴 C10 M40 Y60 K10	黄土色——温厚 M35 Y100 K30	碧绿——协调 C70 M10 Y50
贝壳粉——纯真 M30 Y25	椰棕色——古典 C50 M80 Y100 K40	卡机色——田园 M30 Y80 K40	青瓷色——潇洒 C55 M10 Y45
地平线——奇趣 C35 Y20	青金石——睿智 C95 M80	紫藤——风雅 C60 M65 K10	白色——纯洁 C0 M0 Y0 K0
浅天蓝色——澄澈 C40 Y10	鼠尾草——洗练 C70 M50 Y10	淡紫色——神秘 C60 M75	黑色——富丽 K100
水蓝——正义 C60 Y10	韦奇伍德蓝—高贵 C55 M30 K25	铁线莲——赞美 M20 K20	灰色——柔静 K50
蔚蓝——爽快 C70 M10	青蓝——静寂 C60 M40 Y20 K20	丁香——清纯 C30 M40	灰色——冷静 C20 K50
天蓝——清凉 C45 M10 Y10	宝蓝——智慧 C90 M45 Y10 K35	薰衣草——品格 C40 M50 Y10	灰色——温暖 M10 K50
淡蓝——幻想 C30 Y10 K10	石青——认真 C100 M70 Y40	紫水晶——直觉 C60 M60 Y20	灰色——温暖 Y20 K50
浅蓝——温和 C40 M10 K20	亮蓝——礼节 C100 M40 Y30 K35	紫色——神圣 C50 M85	
品红——热情 C15 M100 Y20	海蓝——时髦 C100 M50 Y30 K35	香水草——高尚 C65 M100 Y20 K10	
水蓝色——纯粹 C75 M30 Y10 K15	海军蓝——纪律 C100 M90 Y25 K45	紫罗兰——怀旧 C20 M30 Y10 K10	
翠蓝——平衡 C80 M10 Y20	靛青——庄严 C90 M60 Y10 K60	蝴蝶花——思虑 C35 M100 Y10 K30	
蓝绿——清楚 C95 M25 Y45	深石青——理智 C80 M70 Y30 K30	锦葵——妖精 C15 M70	
孔雀蓝——贵重 C100 M50 Y45	深蓝——传统 C100 M95 Y50 K50	兰花——温和 M30 K20	

图6-67　色彩心理

6.5.4　书脊设计

书籍在人的视觉中并不是一个平面，而是一个六面的、立体的整体。书脊是将书籍从平面化的、二维的形态变成立体化的、三维形态的书籍的关键部位。

有些人认为书脊面积小，在封面中无关紧要，因此，常常忽视对书脊的设计。其实，书脊是非常重要的，书籍放在书架中，人们看到的只有书脊，读者找自己需要的书，要靠书脊的特征来辨别。书脊上承载的信息有书名、作者名、出版社名称，如果是丛书，还要放上丛书名。有些书脊由于书名过长，没有地方放作者的名字，可以不放，但是书脊处必须放上书名和出版社名称。（图6-68）

图6-68　《价值学大词典》书脊设计

凡是成熟的设计师，一定十分重视书脊的设计，在他们的眼中，书脊是书的"第二张脸"，需要赋予它丰富的表情。设计好书脊，应当注意以下问题：

（1）书脊的艺术个性。

书脊要像封面一样具有艺术魅力，要体现书籍的内容个性。书脊的艺术魅力在于以其有趣的艺术形式、直观的形象使读者过目不忘。书脊的文字、图形要明确，应该具有强烈的视觉效果和符号意识，以便于吸引读者。

（2）设计的整体性。

书脊设计不是孤立存在的，它是书籍整体设计的一部分。书脊设计要与封面设计的风格相一致。所以，书脊设计常常利用或重复使用封面的一些元素。比如，拿书名字体来说，书脊上的书名字体最好是封面上的重复与再现，如果封面书名用的是行书，那么书脊上的书名最好与之一致。书脊上的图形元素也可以是封面图形元素的重复，二者互相呼应，这样有助于书籍设计风格臻于和谐统一。书脊与封面、封底的图形可以用一张完整的画面，画面随着封面到封底的展开，在书脊处形成自然的转折，然后再安排书名等文字。在设计丛书书脊时，要注意每本分册的书脊风格需保持一致。全套丛书的书脊也可以连续成为一幅画面，每一本仅是整个画面的一部分。（图6-69至图6-74）

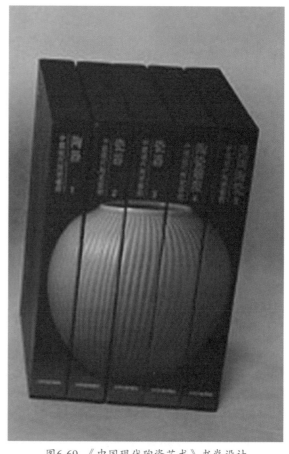

图6-69　《中国现代陶瓷艺术》书脊设计

图6-70   外文书籍书脊设计

图6-71   《巴金选集》丛书书脊

图6-72   丛书书脊设计

图6-73　系列图书书脊设计

图6-74　系列漫画书脊设计

6.5.5　封底设计

封底是整本书的最后一页，内容一般为书籍内容简介、著作者简介、封面图案的补充、图形要素的重复、责任编辑、装帧设计者署名、条形码、定价等。这些内容除了条形码、定价必须有之外，其他内容可以根据需要而定。

封底虽然不是书籍的主要展示面，但它和封面是一个整体，是封面视觉信息的延续和传递，不能完全独立地进行设计。封底设计应和封面、书脊联系起来作为一个整体来考虑，构图和色彩必须协调一致；封底应该对封面起一个辅助的作用，不能太花太杂，要分清与封面的主次关系。很多书把封面的色彩、图形延续到封底上来，或采用与封面相对称的图案纹样来作装饰；也有一些书的封底只有一个标志性的符号，也会取得较好的效果。总之，在设计封底时，应注意以下几点：

（1）与封面设计的统一性；

（2）与封面设计的连贯性；

（3）与封面设计的呼应性；

（4）与封面设计之间的主从关系；

（5）充分发挥封底的作用。

在书籍的整体设计中，通过封底设计可以为读者提供更多的信息。忽略了封底，书籍的整体美感就有了残缺，为读者留下遗憾。（图6-75至图6-79）

图6-75 《南城追忆录》封面

图6-76 《茶文化》封面

图6-77 《格林童话全集》封面

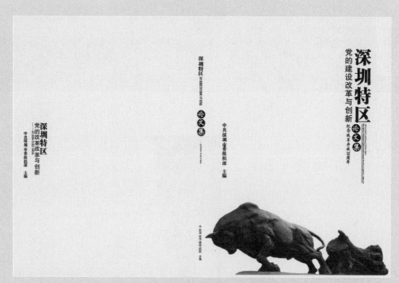

图6-78 《深圳特区论文集》封面

图6-79 《中国乡土手工艺》封面

6.5.6 勒口设计

精装书的护封及半精装书的封面需要有勒口。勒口尺寸可宽可窄，一般以封面宽度的二分之一左右为宜。如一本32开的书，勒口一般在5～7厘米左右，太短了则显得简陋。护封的勒口如果太窄，容易造成与书芯的脱落，太宽则显得多余和累赘，同时也造成纸张的浪费和书籍成本的增加。当然，现在也有超长的护封，虽有点奢侈，但很气派。

勒口在书籍封面中出现，首先是由于功能的需要。然而，在勒口发挥其功能作用的过程中，设计师越来越关注勒口还存在其他作用。

1. 勒口的审美作用

十几年前我国的平装书开始出现勒口的时候，大多数勒口都是无任何设计的白纸，或者只是封面色彩的延伸。随着设计者对书籍整体设计意识的增强，勒口渐渐得到重视，称为封面主题内容的补充。勒口上的要素与封面上的主题图案相呼应，形成封面整体的旋律，使读者在翻阅书籍时，享受到不同层次变化带来的视觉愉悦。

2. 利用勒口为读者提供更多的信息

在勒口出现后不久，出版商就看中了这块寸金之地，开始在勒口上印书籍广告，介绍最新出版的新书书目。除了广告，勒口一般印有作者肖像和简介，使读者首先对作者有一个初步的了解。如果地方宽裕，书籍的内容简介也可以出现在勒口中，也许只印几句提示性的话，这可以使勒口显得别有情趣。（图6-80至图6-82）

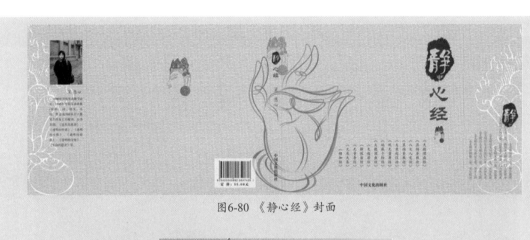

图6-80 《静心经》封面

图6-81 《苦情缘》封面

图6-82 《你就是世界》封面

知识链接

国内外书籍封面设计赏析

图6-83 丛书封面设计

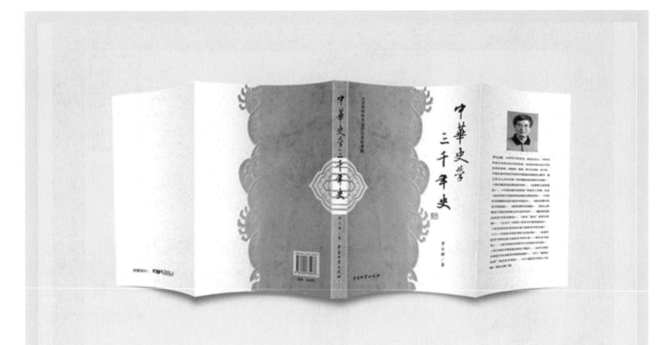

图6-84 《中华史学三千年史》封面设计

图6-85 《聪明女人巧当家》封面设计

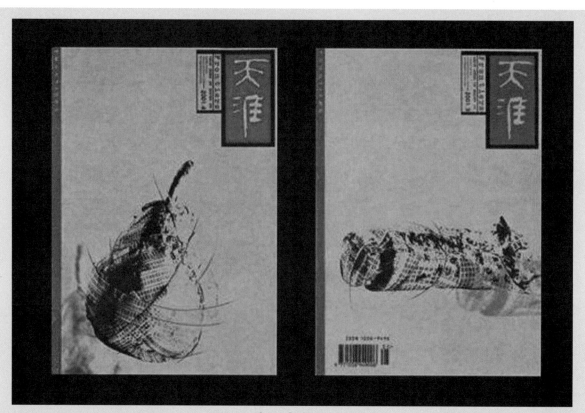

图6-86 《天涯》杂志封面设计

图6-87 《中国当代藏石名家名品大典》封面设计

图6-88 《浮世绘》封面设计

图6-89 《文明的守望》丛书封面设计

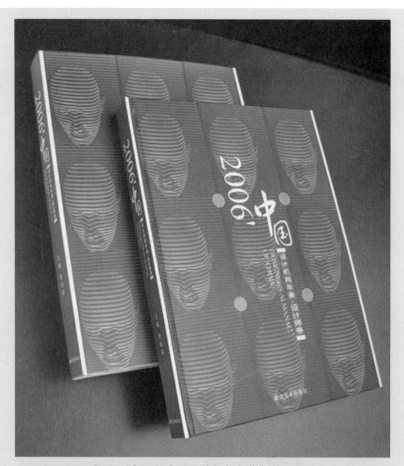

图6-90 《2006'中国设计机构年鉴》封面设计

图6-91 《宫田雅之的世界》封面设计

图6-92　《文采画风》封面设计

图6-93　《废墟与辉煌》丛书封面设计

图6-94 《书籍设计》封面设计

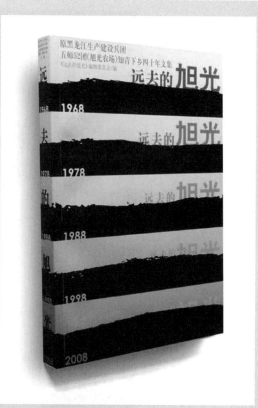

图6-95 《远去的旭光》封面设计

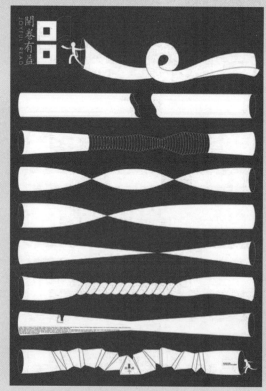

图6-96 《开卷有益》吕敬人设计

图6-97 《福狗百相》封面设计

图6-98 《ESSENTIALS OF SOCIOLOGY》封面设计

图6-99　企业年报画册封面设计

图6-100　"D-BROS品牌"书籍封面设计

图6-101　伦敦设计节设计师手册

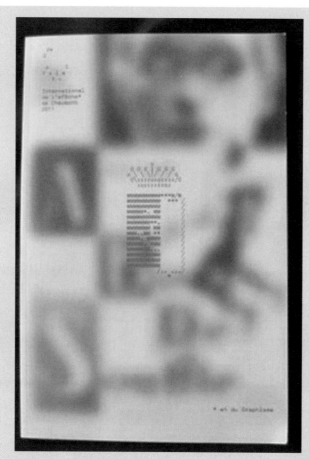

图6-102　画册封面　Chaumont 设计

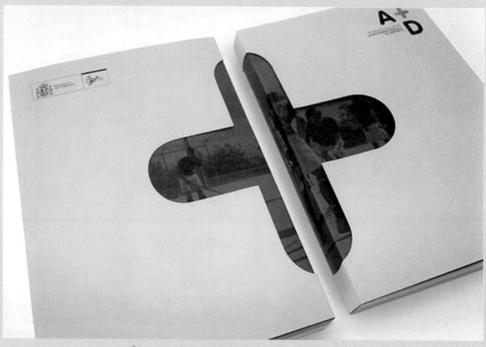

图6-103　企业画册封面　西班牙 underbau设计

图6-104　《Nick Cave》画册封面设计

图6-105　画册硬封 Elina Rubuliak设计

图6-106　Earl牛仔服装样本设计

图6-107　书籍封面 Benny Schaupp 设计

思考与练习

1. 书脊的构成元素有哪些？
2. 书名字体设计一般会运用哪几种方式？
3. 封底设计时应注意哪些原则？

7

任务四：正扉页设计

■ 7.1 任务目标

参考书籍封面的设计风格，为《漫游北京》设计正扉页，确保书名、作者、出版社三个元素的完整性。

■ 7.2 必备知识——扉页设计

7.2.1 扉页的含义和组成

扉页一般指的是8页的一帖，在序言很长的情况下有时也有到16页的，在这种情况下，可以在序言上标明页码，但一般是没有页码的。因此，正文往往从第3、5、7、9、……页开始。当然，正文也有从第一页算起的。

按照习惯，扉页的次序是：①护页；②空白页、像页、卷首插页或丛书名；③正扉页；④版权页；⑤赠献、题词、感谢；⑥空白页；⑦目录；⑧空白页。从第9页开始是序言或按语。（图7-1至图7-4）

图7-1　正扉页　　　　　　　　　　　图7-2　版权页

图7-3　目录页

图7-4　序言

太多的扉页会喧宾夺主，因此它的数量和次序都不能机械地规定，必须根据书的内容性质和实际需要灵活处理。一般情况下，我们应当尽量减少扉页的数量，例如把赠献页放在护页上等。

7.2.2 正扉页

正扉页也叫书名页，它是扉页的核心，与其他部分相比，设计者更有机会发挥想象力和设计才能。正扉页上面所出现的信息与封面类似，但要比封面的文字、图形信息更加直接、简化。扉页的背面可以空白，也可以印有书籍的版权记录等。正扉页设计一般以文字为主，也可以适当加一点图案作为装饰点缀。

正扉页应当与封面的风格取得一致，但又要有所区别，不宜繁琐，避免与封面产生重叠的感觉。正扉页与正文也要保持风格统一，二者应当是一气呵成的。我们可以使这一页与内页版心的大小和位置相适应，在文字排版时，与版心的上、下边或左、右边对齐。如果书名短、文字少，也可以加上与版心同样大小的边框。（图7-5至图7-8）

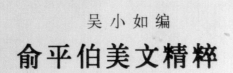

图7-5 带有小装饰的扉页

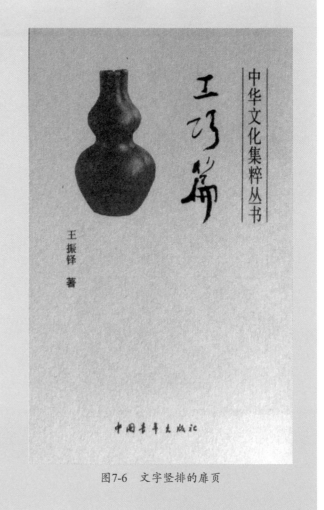

图7-6 文字竖排的扉页

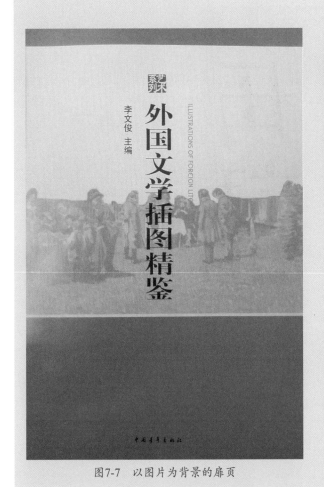

图7-7 以图片为背景的扉页

图7-8 文字元素的扉页

在正扉页上，一般用三种不同的字号就够了，有的还可以再少一些。出版社的名称可以使用正文字号，以保持与正文的联系。作者姓名比出版社重要，可以用大一些的字号，书名一般要用最大号字体。

7.2.3 护页

护页最初的职能是保护书籍，一般在设计上简单朴素。现在，护页已失去了原来保护书籍的作用，而只是作为一种鉴赏。读者翻开书后，护页有一种欢迎的意思。有的护页印上出版社的标志，有的印上简短的话语，也有印上作者签名或纪念性文字的。利用护页代替赠献页，印上作者像或者印上插图装饰等，都是常见的现象。（图7-9）

7.2.4 目录页

目录又称目次，是全书内容的纲要。在设计上要眉目清晰，调理分明，才有助于读者快速地了解书籍内容。

目录可以放在书的前面或者后面。科技类书籍的目录必须放在前面，起到指导作用。如果序言对书的结构和目录已有所论及，目录就应放在序言之后。文艺类书籍的目录可以放在书的末尾。

以往，目录在章节和页码之间一般用点线相连，这是一种保守、缺乏美观的做法。如今，设计者在寻找更好的方法，使目录页与书籍整体设计融为一体，使之独具特色。（图7-10至图7-13）

图7-9 护页

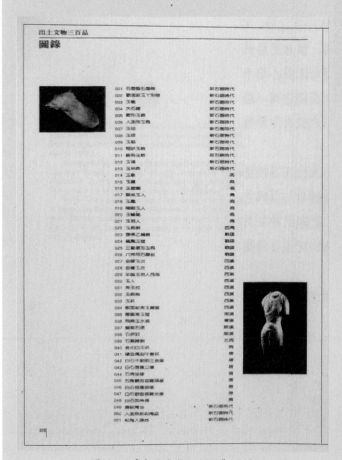

图7-10 《出土文物三百品》目录

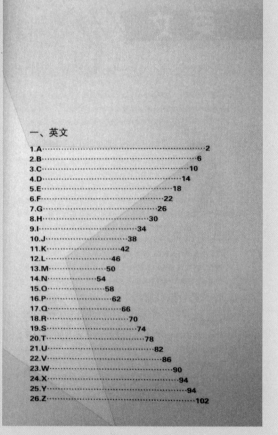

图7-11 《标志设计》目录

图7-12 《ELLE》杂志目录

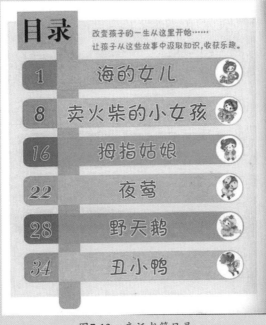

图7-13 童话书籍目录

7.3　任务描述

《漫游北京》正扉页设计最终效果如图7-14所示。

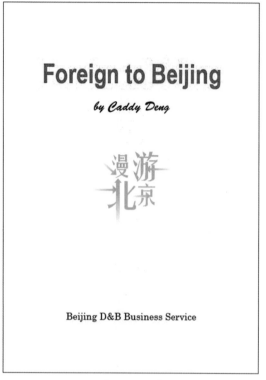

图7-14　《漫游北京》正扉页

7.4　《漫游北京》正扉页设计与制作步骤

7.4.1　《漫游北京》正扉页设计

正扉页的设计与封面和内页都要具有一定的关联性，设计师采用封面中的英文字体、书名字，并居中排列，希望得到简洁、大方的视觉效果。

正扉页与内页保持关联，则是通过设置相同的版心大小，第一行与最后一行英文的位置正是内页版心上、下边的位置。

7.4.2　《漫游北京》正扉页设计步骤

1．步骤一：确定尺寸与中轴线

（1）打开Illustrator CS（高版本以下步骤相同），并新建一个文件，颜色模式选定为CMYK，文件大小选择"自定义"，宽度与高度分别设置为93毫米与130毫米，命名为"正扉页"，如图7-15所示。

图7-15　新建页面

（2）在页面空白处单击，选择"显示标尺"。在标尺范围内再次单击，选择"毫米"，如图7-16所示。

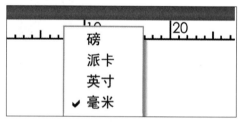

图7-16　显示标尺

（3）在文件左上角坐标原点处单击，此时光标显示为"十"字形，将光标拖拽至新建页面的左上角，使其横向坐标为"0"，如图7-17所示。

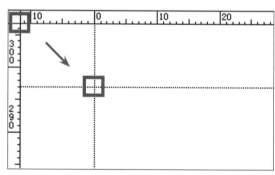

图7-17　确定坐标原点

（4）拉一条纵向参考线，使其横向坐标值为93毫米的一半，即46.5毫米，如图7-18所示。

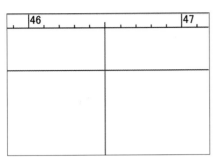

图7-18 确定页面中轴线

2．步骤二：输入文字

（1）输入英文书名，字体选择Arial Narrow，颜色为C：0 M：100 Y：100 K：0，并按照中轴线调整位置及大小，如图7-19所示。

图7-19 输入英文书名

（2）依次输入作者名称、出版商名称，字体分别为Brush Script Std Medium和Century Schoolbook，调整位置及大小，如图7-20所示。

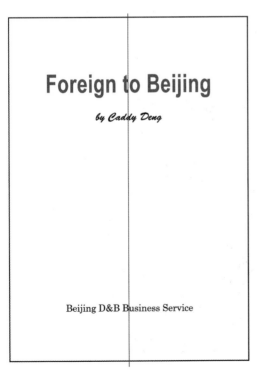

图7-20 输入全部英文

3．步骤三：完成设计

（1）打开"书名字体设计"，将箭头部分红到灰的渐变修改为白到灰的渐变，如图7-21所示。

图7-21 调整渐变色彩

（2）将书名复制到扉页中，并选中全部文字元素，如图7-22所示。

图7-22 选择所有文字

（3）选择"窗口"→"排列"命令，在"排列"面板中选择第一排第二个命令"居中排列"，如图7-23所示。

图7-23　选择居中排列

（4）所有文字元素均居中排列，完成扉页设计，如图7-24所示。确认无误后将文件输出为TIFF格式，以备后期书籍排版使用。

图7-24　完成扉页设计

知识链接

早期国内外书籍扉页设计

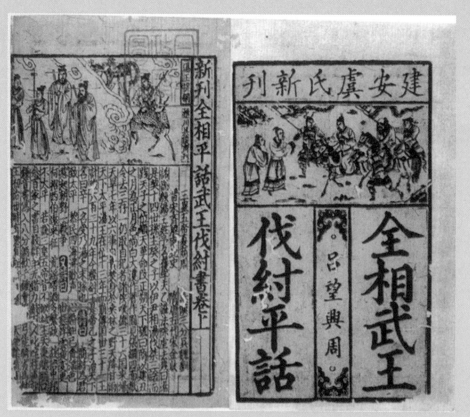

图7-25　中国元代建安虞氏刻印的带插图的扉页

图7-26　中国线装古籍《史记》的书名页

图7-27　1547年意大利出版的书籍的扉页

图7-28　1558年英国《自然界的神奇现象》扉页

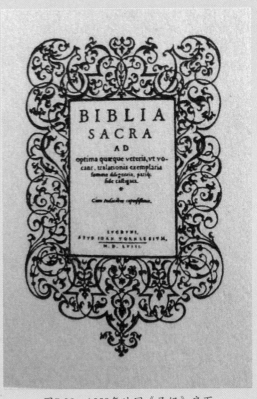

图7-29　1558年法国《圣经》扉页

图7-30　1587年欧洲出现的有插图的扉页

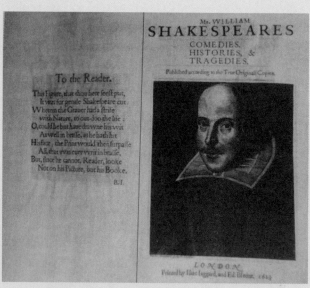

图7-31　1623年英国《莎士比亚》扉页

图7-32　1638年欧洲书籍扉页

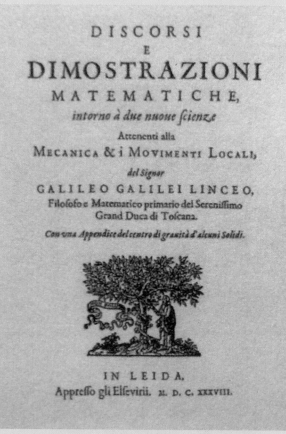

图7-33　1702年法国出版的书籍扉页

图7-34　1726年英国《格列佛游记》扉页

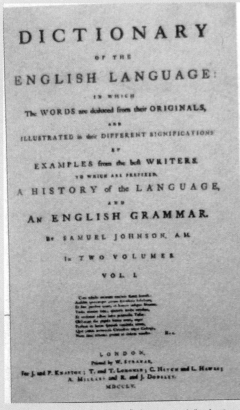

图7-35　1755年英国《英语大词典》扉页

图7-36　1757年英国《伦敦之旅》扉页

图7-37　1818年英国《鲁滨逊漂流记》扉页

图7-38　1862年欧洲《板球史》扉页

图7-39　1866年英国《爱丽丝梦游仙境》扉页

思考与练习

1．扉页的次序是怎样的？
2．正扉页的设计原则是什么？

8

任务五：章前页及内页插图设计与制作

8.1　分解任务一：章前页设计与制作

8.1.1　任务目标

为《漫游北京》书中的六个部分设计相应的章前页，图形简单、明了，能够很清晰地体现章节内容。这六部分内容是：

（1）Places to Go（景点介绍）

（2）Food & Drink（饮食）

（3）Culture Shock（文化冲击）

（4）Local Language（本地语言）

（5）Practical Information （实用信息）

（6）Index（索引）

8.1.2　必备知识——章前页

章前页是开启每一章节的页面。基本信息一般包括第几章以及本章内容的一个概括，便于读者快速了解该章的主要内容。章前页的存在有其实用价值与美学价值。它犹如一扇屏风，起着分割空间的作用，它犹如一曲前奏，担当视觉缓冲的元素。悠游在正文与章前页之间，有助于消除长时间阅读带来的枯燥乏味，提高阅读的趣味性和积极性，使视力、脑力得到恢复。

8.1.3　任务描述

《漫游北京》章前页设计与制作最终效果如图8-1至图8-6所示。

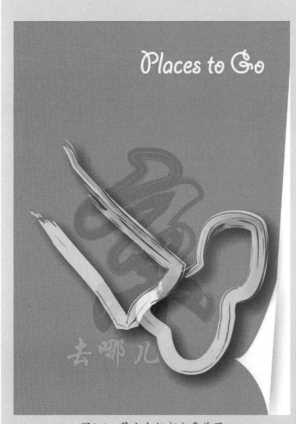

图8-1　景点介绍部分章前页

图8-2　饮食部分章前页

图8-3　文化冲击部分章前页

图8-4　本地语言部分章前页

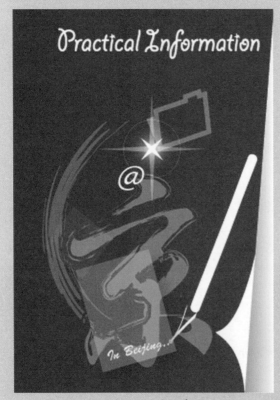

图8-5　实用信息部分章前页

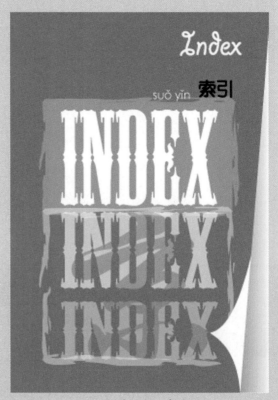

图8-6　索引部分章前页

8.1.4　章前页设计与制作步骤

8.1.4.1　章前页设计

章前页应根据各个章节的具体内容来进行设计，要使读者通过浏览章前页快速理解本章的大致内容。《漫游北京》章前页设计的具体思路如下：

（1）色彩。

页面底色与各部分外切口颜色相吻合，颜色的CMYK值见第4章。色彩的统一便于读者进行查阅。

（2）图形。

每一个章前页的图形表现形式要统一，都采用简单、易懂的"符号"式图形。"京"作为统一的背景元素，其他图形根据需要可以变换位置，使六幅章前页统一中有所变化。

（3）文字。

在六幅章前页中，字体的颜色及位置根据版面的效果可以不同，但要把握画面的整体感，使其活泼又不失章法。

8.1.4.2　章前页制作步骤

下面以图8-1为例，讲解章前页的制作步骤，其他页面相同，不再赘述。

1. 步骤一：制作背景效果

（1）在Illustrator软件中新建一个文件，根据开本大小，我们把宽度设定为99mm，高度设定为136mm（含出血尺寸）。颜色模式选定为CMYK，并命名为"章前页-1"，如图8-7所示。

图8-7　新建文件

（2）使用"钢笔工具"勾勒出要填"橙色"的背景轮廓。选中所画路径，将填充色设置为C：0 M：50 Y：100 K：0，如图8-8所示。

图8-8　画背景

（3）使用"钢笔工具"在页面右下方勾勒出"翻角"的效果并填充白色，如图8-9所示。

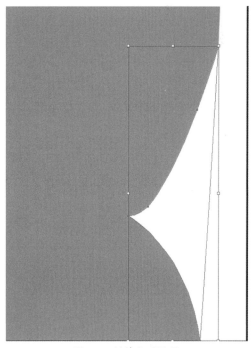

图8-9　制作翻页效果

（4）选中"翻角"，选择"滤镜"→"风格化"→"阴影"命令，弹出对话框，进行阴影设置，如图8-10所示。

K：0，并调整大小，如图8-12所示。

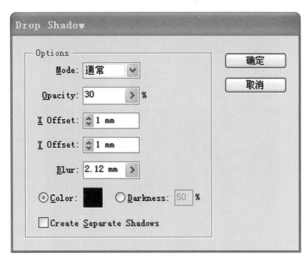

图8-10　设置阴影

初步完成的背景效果如图8-11所示。

图8-11　背景初步效果

2．步骤二：编排文字

（1）在页面中输入"京"字，字体为"华文行楷"，将描边颜色设置为C：0　M：70　Y：100

图8-12　输入"京"字

（2）将"京"字扩展，选择"窗口"→"画笔库"→"艺术效果_画笔"，弹出对话框，选择倒数第四个画笔样式调色刀，并设置描边粗细，如图8-13所示。

图8-13　选择画笔样式

描边效果如图8-14所示。

图8-14 描边效果

（3）输入英文"Places to Go"，字体为Giddyup Std，调整大小及颜色。输入中文"去哪儿"，字体为"华文行楷"，调整大小及颜色，完成效果如图8-15所示。

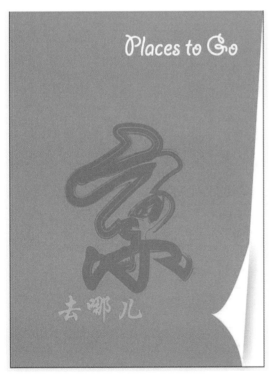

图8-15 输入文字

3．步骤三：绘制插图、完成制作

（1）描边选择白色，用"钢笔路径"工具分别勾勒出腿和脚的轮廓并全选，如图8-16所示。

图8-16 绘制轮廓

（2）选择"窗口"→"画笔库"→"艺术效果_画笔"命令，弹出对话框，选择倒数第四个画笔样式调色刀，设置描边粗细1pt，设置不透明度为70%，如图8-17所示。

图8-17 设置不透明度

（3）选中图形，选择"滤镜"→"风格化"→"阴影"命令，弹出对话框，对其进行阴影设置，如图8-18所示。

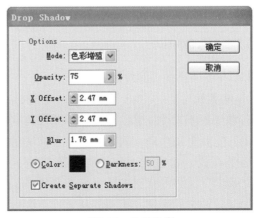

图8-18 设置阴影

（4）调整文字及图形位置，景点介绍部分的章前页完成效果如图8-19所示。确认无误后将文件输出为TIFF格式，以备后期书籍排版使用。

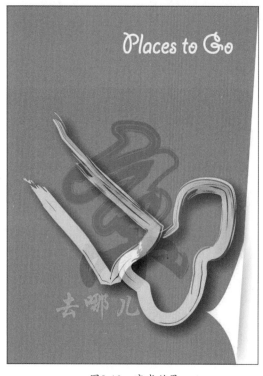

图8-19　完成效果

8.2　分解任务二：内页插图设计与制作

8.2.1　任务目标

为《漫游北京》书籍设计正文中的插图。使用简练、活泼的图形语言，正确地传达文字的含义。

8.2.2　必备知识

8.2.2.1　书籍插图的特征

1．从属性

书籍中配有插图，往往是为了辅助文字内容的描述，使其更加生动，这也就决定了插图的从属性。但是在设计插图时，很忌讳"看图说话"、"说文解字"。好的插图能为文学作品增色，帮助读者加深对内容的理解。插图的从属性主要体现在内容上的从属，即根据书籍内容来选择其中某个情节而进行创作，因此画面中的人物形象、服饰、景物、时代等都受到内容的制约，而不是由设计者自由发挥。（图8-20和图8-21）

图8-20　《藏族民间故事》陈雅丹作

图8-21　《巴黎圣母院》王怀庆作

2. 独立性

插图的独立性是与它的从属性并存的。插图同文学作品一样，融入了设计者对书籍内容的理解，并带有一些自己的感情和想象力，它们既忠实于书籍原作精神又不完全受具体细节的约束。正如前苏联插图艺术家维列斯基所说："插图不是文字的尾巴，它应该把文字作为依据，树立独创性。"（图8-22和图8-23）

图8-22　《忆》丰子恺作

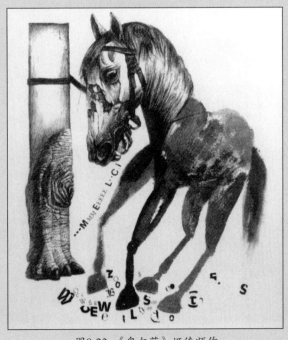

图8-23　《奥尔菲》姬德顺作

8.2.2.2 书籍插图的类别

1. 艺术类插图

艺术类插图适用于文学艺术类书籍，如小说、诗歌、散文、传记、儿童读物、美术、戏曲等。在设计时，一般选择书中有典型意义的人物和场面，形象地描绘出来。通过插图，能增加读者的阅读兴趣，还可以通过生动的形象增强文学作品的感染力，使读者获得美的享受。艺术类插图的表现形式不限于写实，还有半写实与抽象等形式，插图的表现手法也很丰富，有绘画（油画、水粉、水彩、版画、水墨画）、卡通、漫画、装饰画、民间美术等。（图8-24至图8-27）

图8-24 木刻形式插图

图8-25 钢笔画形式插图

图8-26　剪纸形式插图

图8-27　水粉画形式插图

2. 技术类插图

技术类插图适用于科学、医学、工具类等书籍。此类插图可以补充文字难以表达的内容，形象应力求准确、清晰。为体现科学的真实性，一般采用写实形式，在设计上，要求严谨、规范、忠实于文字内容。常用的表现手法有：摄影、显微摄影、喷绘、水彩、线描等。（图8-28）

图8-28　技术类插图

8.2.3　任务描述

《漫游北京》内页插图主要分为两类：一类是起到活跃页面视觉效果的点式插图，一类是作为底图的独幅或跨页式插图。（图8-29至图8-31）

图8-29　点式插图为主的页面

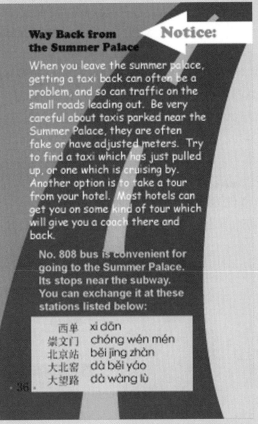

图8-30　独幅插图作为背景

图8-31　跨页插图作为背景

8.2.4 内页插图设计与制作步骤

8.2.4.1 内页插图设计

1. 创意构思

首先，文字和插图的风格应相互联系，根据书籍的定位进行创意设计。插图采用平面概括式的简洁风格，同时结合中国书法的笔触效果，体现中西文化的融合。

2. 绘制草图

根据插图的创意构思，使用铅笔在绘图纸上按照原比例大小勾画出图形轮廓，将插图的细节逐一进行深入。我们以图8-31的跨页插图为例，其草图阶段如图8-32所示。

图8-32 插图铅笔稿

3. 调整细节，规划色彩

在细节深入的同时，我们需要对照"色谱"选取插图所适用的系列颜色，也可以使用彩铅、水粉等工具在草图上铺满颜色，看看效果。

8.2.4.2 内页插图制作步骤

下面以图8-31中的背景插图为例，讲解其制作步骤，其他插图制作过程类似，不再赘述。

1. 步骤一：新建页面、锁定草图

（1）在Illustrator软件中新建一个文件，根据插图在页面中的大小，我们把宽度设定为160mm，高度设定为136mm（高度含出血尺寸）。颜色模式选定为CMYK，并命名为"插图－三里屯酒吧街"，如图8-33所示。

图8-33 新建文件

（2）将"插图草稿"电子文件置入到页面中，保持选定状态，选择"对象"→"锁定"→"选择"命令，如图8-34所示。

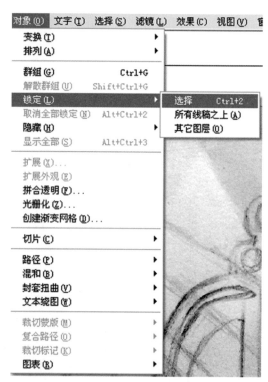

图8-34 锁定草图

2. 步骤二：新建图层、绘制啤酒杯

（1）选择"窗口"→"图层"命令，在图层面板中创建新图层（图层2），如图8-35所示。

（2）选择"钢笔工具"，在图层2中按照草图绘制啤酒杯的外轮廓，颜色填充及笔触为默认设置（白色和黑色），绘制效果如图8-36所示。

（3）将啤酒杯轮廓移至一旁，绘制"把手"内侧，如图8-37所示。

图8-35　新建图层

图8-36　绘制外轮廓

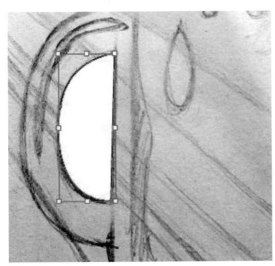

图8-37　绘制把手

（4）将两个图形重叠放好并全选，选择"窗口"→"修整"命令，在修整面板中选择"分割"，用"直接选择工具"将两个图形的重叠部分（把手内侧）删除，完成效果如图8-38所示。

图8-38　删除重叠部分

3．步骤三：为啤酒杯上颜色

（1）为了操作便利，将颜色面板和渐变面板放置在一起，如图8-39所示。

图8-39　布置面板

（2）选择绘制的啤酒杯，出现默认的黑至白色的渐变，在渐变面板中选择黑色渐变滑杆，如图8-40所示。

图8-40　选择滑杆

（3）将颜色模式改为CMYK，如图8-41所示。

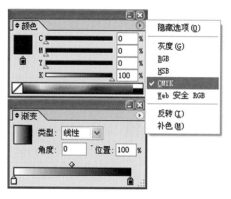

图8-41　修改颜色模式

（4）将CMYK值分别调整为C：3 M：11 Y：75 K：0，如图8-42所示。

图8-42　设定色彩

（5）在渐变面板中选择白色渐变滑杆，按照上面（3）、（4）步骤进行操作，将CMYK值分别调整为C：53 M：40 Y：53 K：30，渐变色填充效果如图8-43所示。

图8-43　填充渐变效果

4．步骤四：制作酒杯细节

（1）将渐变的底图移至一边，使用"钢笔工具"绘制出酒杯的其他细节，如图8-44所示。

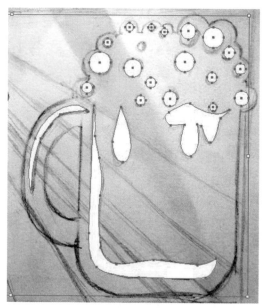

图8-44　绘制细节

（2）分别为每个小图形设置渐变，在此不再赘述，设置效果如图8-45所示。

5．步骤五：制作背景

（1）使用"钢笔工具"，按照草图分别绘制闭合路径，如图8-46所示。

图8-45　为细节上色

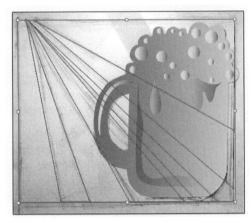

图8-46　绘制背景

（2）分别为每个闭合路径设置颜色，底色为黑色，发射状图形为灰色及渐变色，填充效果如图8-47所示。

图8-47　设定背景色彩

（3）选中黑色背景并右击，选择"排列"→"置于底层"命令，如图8-48所示。

图8-48　调整排列顺序

（4）从左向右依次选择渐变填充的发射状图形，调整其不透明度，不透明度数值分别为40%、30%、40%，如图8-49所示。

图8-49　设置不透明度

6．步骤六：完成制作、导出文件

选择"对象"→"全部解锁"命令，将草图删除，完成插图设计，如图8-50所示。确认无误后将文件输出为TIFF格式，以备后期书籍排版使用。

图8-50　插图完成效果

知识链接

外国文学插图欣赏

图8-51 《巨人传》法国 安·德兰作

图8-52 《睡美人》美国 阿·拉克艾姆作

图8-53　《汤姆·琼斯》英国 托·罗兰森作

图8-54　《皇帝的新装》丹麦 霍尔德伦作

图8-55 《穷人》俄罗斯 巴索夫作

图8-56 《呼啸山庄》美国 艾岑贝格作

图8-57 《草叶集》美国 丹尼尔作

图8-58 《卡拉马佐夫兄弟》俄罗斯 米纳耶夫作

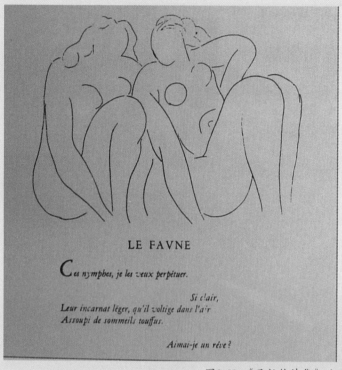

图8-59 《马拉梅诗集》法国 马蒂斯作

图8-60 《帕西法埃》法国 马蒂斯作

图8-61　《好兵帅克历险记》捷克 拉达作

图8-62　《回忆亚洲》德国 奥·布洛默尔作

图8-63 《小王子》法国 圣埃克苏佩里作

思考与练习

1. 章前页的设计原则是什么?
2. 书籍插图的主要类别有哪些?

9

任务六：内页版式设计与制作

■ 9.1　任务目标

版式设计是书籍整体设计与制作中非常关键的一部分，一本书籍之所以感人，关键是在版式设计中通过充满形式意味的点、线、面的运用，注入设计者的情感。本章的任务是通过InDesign软件程序将《漫游北京》文本内容及图像文件进行排版。

■ 9.2　必备知识

9.2.1　版式设计的概念

所谓版式设计，即在有限的版面空间里，将版面构成要素：文字、图片图形、线条线框和颜色色块等诸因素，根据特定内容的需要进行组合排列，并运用造型要素及形式原理，把构思与计划以视觉形式表达出来。

9.2.2　版式设计的原则

版式设计总的来说要遵循的原则包括：

（1）思想性与单一性。

版式设计本身并不是目的，设计是为了更好地传播书籍的内容。初学者往往陶醉于个人风格以及与主题不相符的字体和图形中，这往往是造成设计平庸失败的主要原因。一个成功的版式设计，首先必须明确客户的目的，并深入了解、观察、研究与设计有关的方方面面。版面离不开内容，更要体现内容的主题思想，用以增强读者的注意力与理解力。只有做到主题鲜明突出、一目了然，才能达到版面构成的最终目标。

（2）艺术性与装饰性。

为了使版式设计更好地为内容服务，寻求合乎情理的版面视觉语言则显得非常重要，也是达到最佳诉求的体现。主题明确后，构思立意是设计的第一步，在这一步我们需要解决版面构图布局及表现形式等要素。只有兼顾构图与形式，才能达到意新、形美、变化而又统一，并具有审美情趣。

版面的装饰因素是由文字、图形、色彩等通过点、线、面的组合与排列构成的，并采用夸张、比喻、象征的手法来体现视觉效果，既美化了版面，又提高了传达信息的功能。不同类型书籍内容，具有不同方式的装饰形式。

（3）趣味性与独创性。

版面设计中的趣味性主要是指形式的情趣。这是一种活跃的版面视觉语言。如果版面本无多少精彩的内容，就要靠制造趣味取胜。版面充满趣味性，从而更吸引读者，打动读者。趣味性可采用寓意、幽默和抒情等表现手法来获得。

独创性原则实质上是突出个性化特征的原则。鲜明的个性是版面设计的灵魂。试想，如果众多书籍版面大同小异，人云亦云，可想而知，它的记忆度有多少？因此，设计者要敢于思考，敢于别出心裁，敢于独树一帜，在版式设计中多一点个性而少一些共性，多一点独创性而少一点一般性，才能赢得读者的青睐。

（4）整体性与协调性。

版面设计是传播信息的桥梁，所应用的形式必须符合主题的思想内容，这是版式设计的根基。只讲表现形式而忽略内容，或只求内容而缺乏艺术表现，版面都是不成功的。只有把形式与内容合理地统一，强化整体布局，才能取得版面构成中独特的社会和艺术价值，才能解决设计应说什么、对谁说和怎样说的问题。

强调版面的协调性原则，也就是强化版面各种编排要素在页面中的结构以及色彩上的关联性。通过版面的文、图间的整体组合与协调性的编排，使版面具有秩序美、条理美，从而获得更好的视觉效果。

■ 9.3　任务描述

根据《漫游北京》的书籍定位及版式设计的原则，设计内页共164页（不含扉页），因篇幅有限，此处展示1～9页。其最终设计效果如图9-1至图9-5所示。

北京 About Beijing

As the capital of the People's Republic of China, Beijing is the nation's political,economic,cultural and educational center an well as being the most important center in China for international trade and communications. Ithas been the heart and soul of politics and society througout long history.

By the time of the Warring States Period(476BC-221 BC),it was serving as the capital of the Yan Kingdom. Because of its role in the life and growth of China, there is an unequalled wealth available for travelers to discover as you explore Beijing's ancient past and enjoy its exciting 21st Century world. In 2008 when Beijing hosts the Olympic Games, Beijing will show the world something so special that everyong will be awestruck by Beijing's latest accomplishments combined with its ancient history.

北京是中华人民共和国的首都，四个直辖市之一，全国政治、文化和国际交往中心。其地理位置优越，是全国政治中心的理想所在。

北京还是一座有三千余年历史、八百五十余年的建都史的文化名城，历史上共有五个皇朝曾在此定都，是世界历史文化名城和中国四大古都之一。

1

图9-1　内页1

After 1949,Beijing expanded successively five times the scope of areas under its jurisdiction and changed successively 11 times the division of administrative districts in line with requirements of the political, economic and social development. Now, the city's total land area is 16,807.8 sq km -- 62% of hilly areas and 38% of flatlands. The planned area of the city proper is 750 sq km. Beijing has 13 districts and 5 counties under its jurisdiction.

Population and Ethnic Groups well as Quality of Population: By the end of 1995, the city had had a total of 12.511 million permanent residents. The population of the city includes all the 56 ethnic groups of China. According to statistics from the 4th national census conducted on July 1, 1990, 1.006 million permanent residents in Beijing, or 9.3% of the population in the city, were college graduates or higher; 2.053 million, or 19% of the total population, were senior high school graduates (including secondary technical school graduates); 3.305 million, or 30.6% of the total population, were junior high school graduates; and 2.443 million, or 22.6% of the total population, were primary school graduates.

Township industries and capital and technology intensive industries are linked to labor-intensive industries as well as large and medium- and small-sized enterprises compete with one another in development. Of the 164 industrial sectors defined by China on unified basis, Beijing has 149.

2

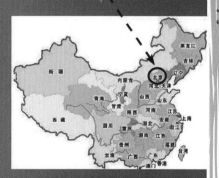

Where is Beijing

北京的地理位置：北京市境处于华北平原与太行山脉、燕山山脉的交接部位。东距渤海150公里，她的东南部为平原，属于华北平原的西北边缘区；她的西部山地，为太行山脉的东北余脉；她的北部、东北部山地，为燕山山脉的西段支脉。

3

图9-2　内页2~3

北京总面积16808平方公里，市区面积735平方公里。下辖10个区、8个县。城区：东城区、西城区、崇文区、宣武区；近郊区：朝阳区、海淀区、丰台区、石景山区；远郊区：门头沟区、房山区；远郊县：昌平县、顺义县、通县、大兴县、平谷县、怀柔县、密云县、延庆县。

4

Beijing a total area of 16808square kilometers, 735 square kilometers of urban area. Next administer 10areas, 8 counties.

City:Dongcheng Didtrict,Xicheng District,Chongwen, Xuanwu District; Chaoyang District, Haidian District, suburb: Fengtai District, Shijingshan District;the outer districts: Mentougou District, Fangshan District; outer suburbs country:Changping County, Shunyi County, county, Daxing County, Pinggu County, Hoairou County, yanqing County,Miyun.

5

图9-3　内页4～5

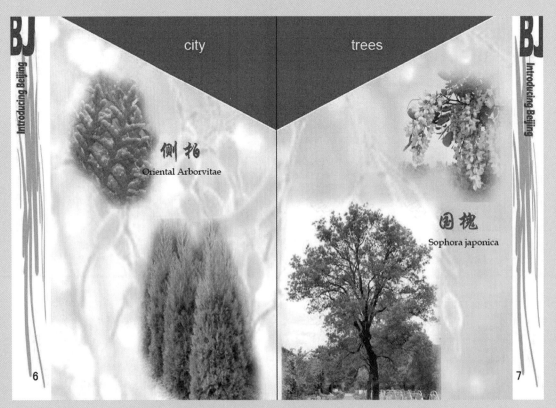

图9-4　内页6～7

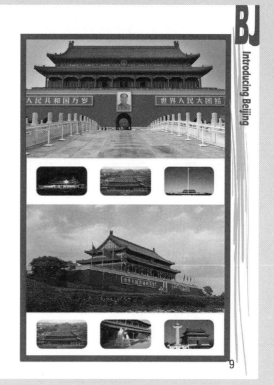

图9-5　内页8~9

■ 9.4　内页版式设计与制作步骤

9.4.1　内页版式设计

此书开本不大，为了读者阅读方便，文字的尺寸不能太小。通过调研，设计者的外国友人中，90%的人希望书的字体适中，甚至大些，尤其是学习中文的外国人，他们把中国的文字看成艺术，在他们眼里中文是一张张图片。小了怎么行？而且中文许多字长得很相像，只有大小适中才能辨别清楚。因此，书籍的内页版面特别注意了文字大小与行距，重点中文字普遍在14磅左右，英文正文大小为8磅，重要部分使用10~12磅甚至更大。字体的选择上，注重实用性，中文注释统一使用标准宋体，有利于中文学习，在一些重复信息上使用隶书和其他字体来展示中文的多姿多彩；英文字体的选择上，以Book Antiqua和外国使用频率很高的Arial做重要介绍性文字的字体，在题目和其他说明文字上注意字形与排列的变化。

内页主要采用通栏式排版，每行保持7~10个中文词（或50~65个字母）。行宽的设定使读者容易阅读。版心的面积大小适中，四周的留白也为富有活力的版面设计提供了可能性。

知识链接

一、什么是版心、如何设计版心

版心也称版口，指书籍翻开后两页成对的双页上被印刷的面积。版心的四周留有一定的空白，版心上面的空白叫做上白边，下面的空白叫做下白边，靠近书口和订口的空白分别叫做外白边和内白边。这四周的白边，也依次称为天头、地脚、书口和订口。白边有助于阅读，避免版面紊乱，有利于稳定视线，还有助于翻页。

版心的设计取决于书籍的开本。要从书籍的性质出发，方便读者阅读和节约纸张材料。设计版心是寻求高与宽、天地头和内外白边之间美观的比例关系。四周的边框留得过大，版心就相对地缩小，容字量随着减少，既不经济也显得华而不实；反之，边框留得太少，超过一定限度，会使读者在阅读时感到局促，有损于版面的美观，在印刷装订时也容易出现错误。（图9-6至图9-9）

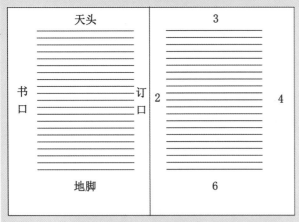

图9-6　一般的版心

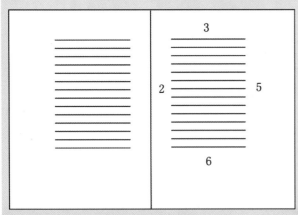

图9-7　疏排的版心

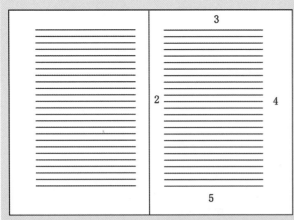

图9-8　密排的版心

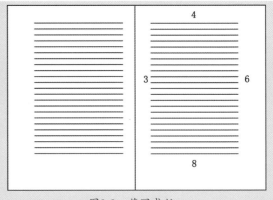

图9-9　英国式版心

二、字体

目前常见的中文印刷字体有宋体、仿宋体、楷体和黑体四大类，应用在正文中的英文字体主要有Times new roman、Optima、Bodoni、Arial等。每一类字体各具特色，在选用字体时，必须与书籍的性质和内容、读者的爱好和阅读效果相适应。

一般书籍排印正文所使用的字号，9～11磅对成年人连续阅读最为适宜，太小的字号使眼睛过早疲劳，12磅或更大的字号，按正常阅读距离，能见到的字又太少了。为了保护读者的视力，字行的长度应有一定的限度。据实验，用10磅字排的字行超过100～110毫米时，阅读就会感到困难，或发生跳行错误。例如，字行长到120毫米时，阅读的速度就会降低百分之五。一般来讲，字行的长度为80～105毫米时为最佳行宽。

一本书原则上只能选择一种字体作为正文字体。为了获得版面的变化和对比，加强标题或某一段文字的效果，除了使用较大的正文字体外，常常使用其他字体作为辅助。在同一本书中，除了内容层次较多的之外，通常只用2～3种字体，字体太多会使读者感到杂乱，妨碍视力的集中。

三、行距

行距是指两行文字之间的空白距离。行距的宽窄，不仅关系到版面的美观，更重要的是影响到阅读的流畅。一般的规律是，行距最少要大于字距，通常书籍的行距为正文字号的1/2或3/4。供连续阅读的书，行距要宽些；短的字行，行距可窄些；在要求特别疏朗的版面上，行距可达正文字体或更大的宽度，但行距过于宽大，也影响版面的美观。

9.4.2 内页制作步骤

下面以书籍1~9页为例讲解内页的制作步骤，其他页面类似，不再赘述。

1．步骤一：新建页面、设置页边距

（1）打开InDesign CS3，选择"文件"→"新建"→"文档"命令，在对话框中进行设置：页数为140（可根据书的字数暂时设定），勾选"对页"、"主页文本框架"，页面大小选择"自定"，宽度、高度分别为93毫米、130毫米，出血均设置为3毫米，如图9-10所示。

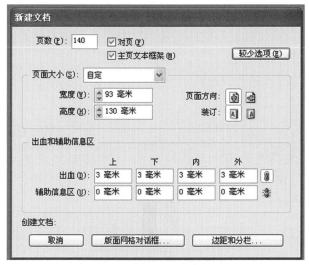

图9-10 新建文档

（2）选择对话框中的"边距和分栏"按钮，设置边距数值均为11毫米，栏数为1，如图9-11所示。

图9-11 设置边距

2．步骤二：设置与应用主页

（1）进行设计之前，先将文件保存，文件名为"漫游北京书籍内页"，保存格式为"InDesign CS3文档"。然后选择"窗口"→"页面"命令，单击"页面"面板右上角的下拉菜单，选择"新建主页"，如图9-12所示。

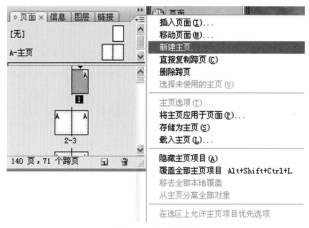

图9-12 新建主页

（2）"新建主页"面板设置如图9-13所示，单击"确定"按钮。

图9-13 设定主页

（3）双击"B-主页"的左页面，选择"文件"→"置入"命令，将事先设计的书口图形置入到外切口处，如图9-14所示。

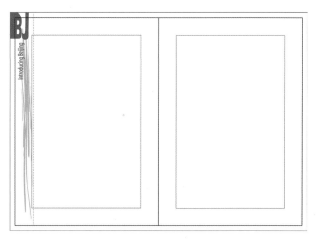

图9-14 设置左页

（4）双击"B-主页"的右页面，按照上面的方法将书口图形置入到外切口处，如图9-15所示。

图9-15　设置右页

（5）单击"页面"面板右上角的下拉菜单，

选择"将主页应用于页面"，在面板中将"于页面"设置为1-9，如图9-16所示。

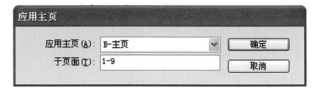

图9-16　应用主页

3. 步骤三：编排文字、图形

（1）选择页面1，使用"文字工具"沿版心画一个矩形区域。打开书籍的文本文件，进行选取、复制（Ctrl+C），切换回页面1，将复制的文本粘贴（Ctrl+V）至版心区域，选中文本，将字号调整为8点，行距为11点，如图9-17所示。

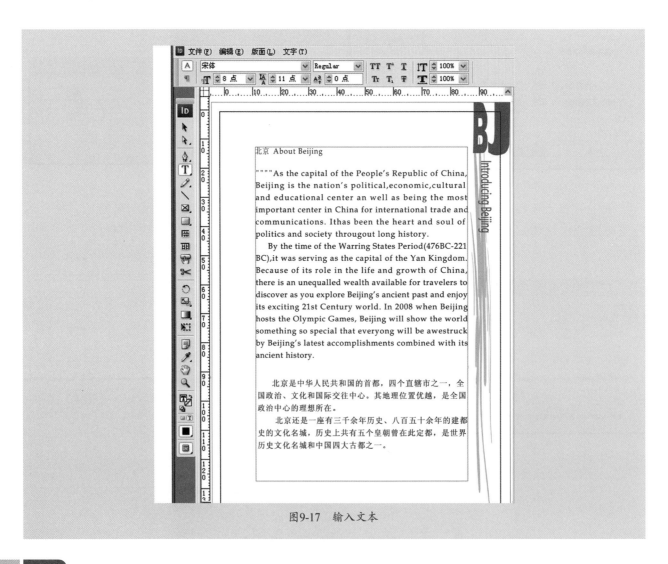

图9-17　输入文本

（2）选择标题，"北京"选择"华文行楷"字体，About Beijing选择Arial字体，颜色为C：0　M：100　Y：100　K：0。保持选取状态，选择"文字"→"创建轮廓"命令，如图9-18所示。

图9-18　创建轮廓

（3）选取标题，选择"对象"→"效果"→"投影"命令，如图9-19所示。

（4）投影完成效果及对话框设置如图9-20所示。

图9-19　设计文字效果

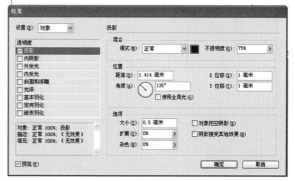

图9-20　对话框设置

（5）中文正文字体选择"宋体"，英文正文字体选择Book Antiqua，将事先设计的小插图置入并调整大小、位置，页面1完成效果如图9-21所示。

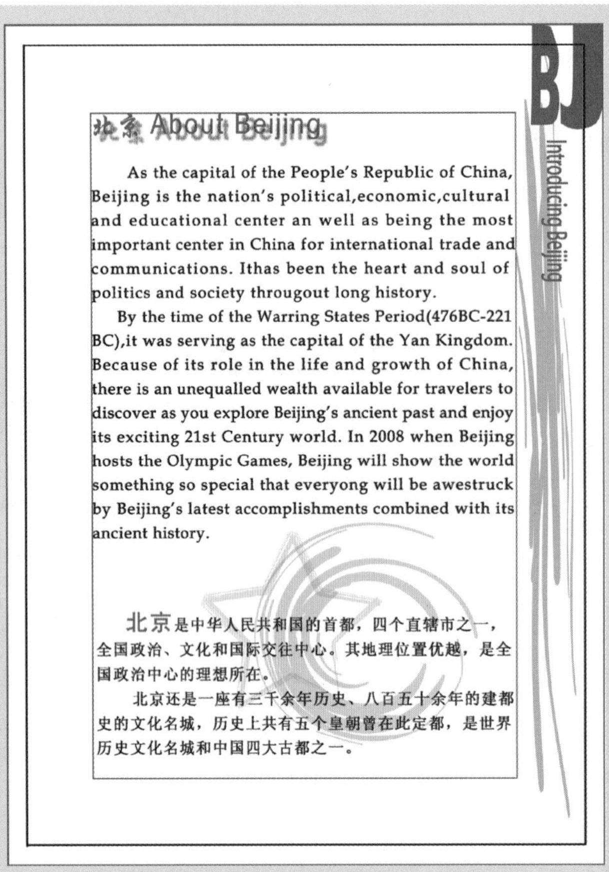

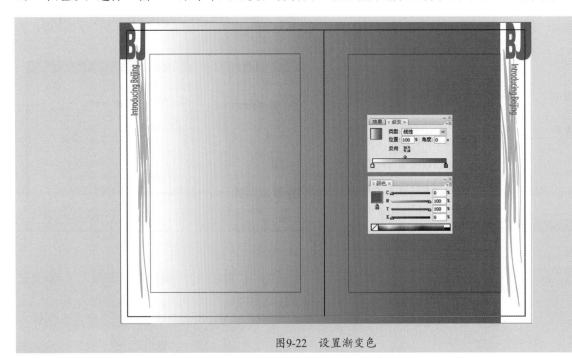

图9-21　页面1效果

（6）选择页面2～3，使用"矩形工具"跨页画一个矩形，选择"窗口"菜单中的渐变，将右侧滑块的颜色设置为C：0 M：100 Y：100 K：0，左侧滑块颜色为白色，如图9-22所示。

图9-22　设置渐变色

（7）选择"文件"→"置入"命令，将图像置入到页面3中，选择工具箱中的"直接选择"工具调整图像大小，如图9-23所示。

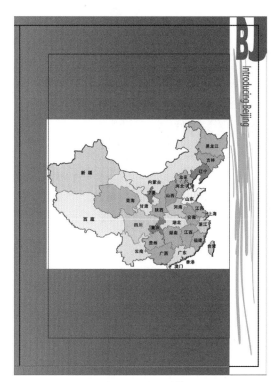

图9-23 置入图像

（8）使用"椭圆工具"在地图上绘制出一个椭圆形，在描边面板中将粗细设置为0.75毫米，描边颜色为黑色，如图9-24所示。

图9-24 绘制椭圆

（9）使用"钢笔工具"画一段路径，在描边面板中将粗细设置为0.75毫米，路径起点设置为箭头样式，如图9-25所示。

图9-25 设置路径

（10）输入标题"Where is Beijing"，字体为Arial，字号为22点，如图9-26所示。

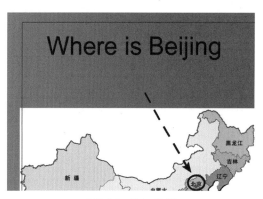

图9-26 输入标题

（11）使用"多边形工具"在页面中单击，弹出对话框，进行设置，如图9-27所示。

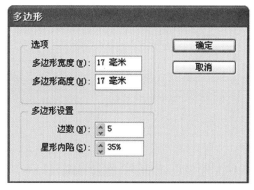

图9-27 对话框设置

（12）选择画好的五角星并右击，选择"排列"→"后移一层"命令，效果如图9-28所示。

（13）打开书籍的文本文件，进行选取、复制（Ctrl+C），切换回页面2～3，将复制的文本粘贴（Ctrl+V）至版心区域，标题和正文字号、行距同页面1，页面2～3完成效果如图9-29所示。

图9-28　调整图形顺序

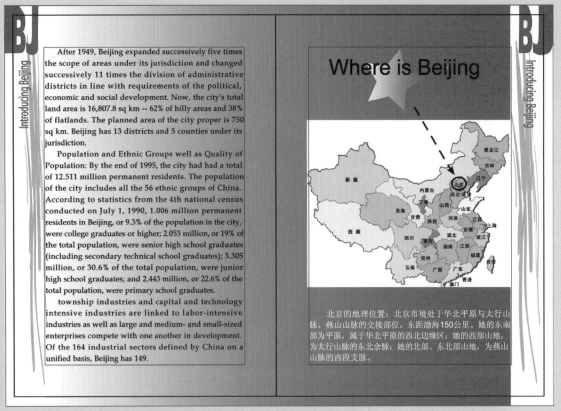

图9-29　页面2～3完成效果

（14）选择页面4～5，选择"窗口"→"文字和表"→"字符样式"命令，在弹出的面板中单击右上角的三角按钮，在下拉菜单中选择"新建字符样式"，如图9-30所示。

图9-30　新建字符样式

（15）在弹出的对话框中将"样式名称"设置为"英文标题"，单击左侧面板中的"基本字符格式"，然后将"字体系列"设置为Calisto MT，"大小"设置为"14点"，"行距"设置为"18点"，如图9-31所示。

（16）打开书籍的文本文件，进行选取、复制（Ctrl+C），切换回页面4～5，将复制的文本粘贴（Ctrl+V）至版心区域，选择"文件"→"置入"命令，将图像放置在页面4中，调整大小、位置，如图9-32所示。

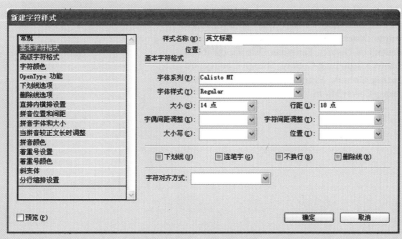

图9-31　设置样式

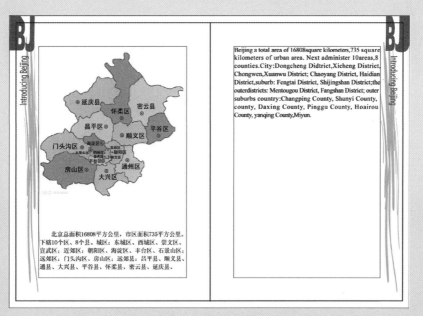

图9-32　置入图像、文字

（17）中文字体、字号、行距设置同页面1，使用"文字工具"将前面的部分英文选中，在"字符样式"面板中单击"英文标题"，如图9-33所示。

（18）将英文分成两个段落，第二段英文的字体、字号、行距同页面1，如图9-34所示。

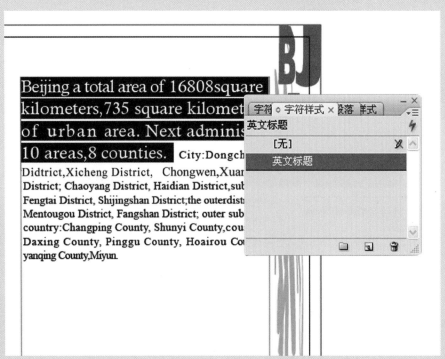

图9-33　应用字符样式

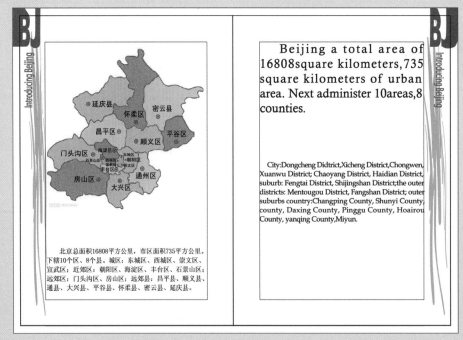

图9-34　调整文字

（19）使用"矩形工具"在页面5绘制出四个相邻的长方形，颜色分别设置为C：7 M：19 Y：0 K：0、C：4 M：30 Y：24 K：0、C：6 M：26 Y：11 K：0、C：6 M：49 Y：24 K：0，如图9-35所示。

（20）依次选择矩形并右击，选择"排列"→"置为底层"命令，完成效果如图9-36所示。

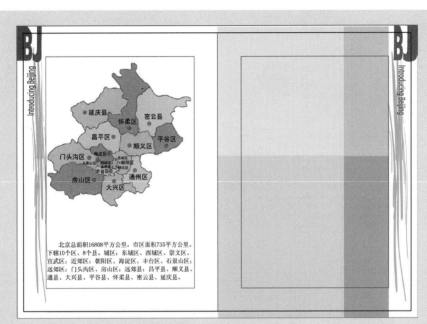

图9-35　绘制矩形

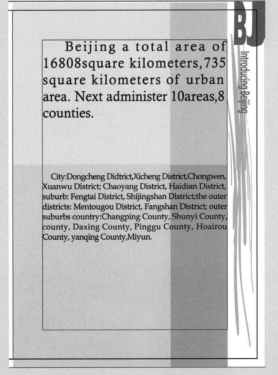

图9-36　调整矩形排列顺序

（21）将插图置入到页面5中，调整大小和位置，页面4-5完成效果如图9-37所示。

图9-37　页面4～5完成效果

（22）选取页面6～7，选择"文件"→"置入"命令，将插图跨页放置，插图的上、下边与出血线贴齐，如图9-38所示。

图9-38　置入底图

（23）使用"钢笔工具"绘制一个跨页的三角形，设置填充色为C：0　M：100　Y：100　K：0，无边框颜色，如图9-39所示。

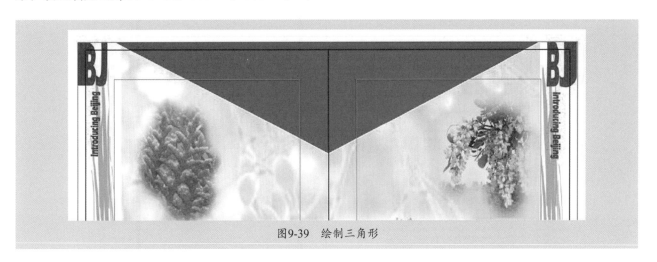

图9-39　绘制三角形

（24）三角形中输入英文标题，字体为Arial，字号14点，白色。页面中输入相应的中文，字体为行楷，字号22点，颜色同三角形。页面6～7完成效果如图9-40所示。

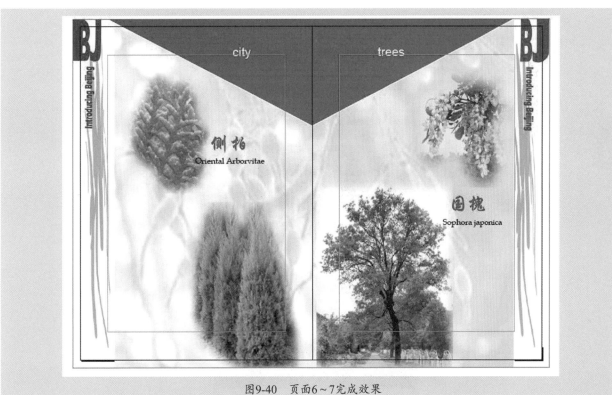

图9-40　页面6～7完成效果

（25）使用"矩形工具"在页面9中绘制图形，矩形与版心相同大小，边框颜色为C：0　M：100　Y：100　K：0，在描边面板中设置粗细为2毫米。打开书籍的文本文件，进行选取、复制（Ctrl+C），切换回页面4，将复制的文本粘贴（Ctrl+V）至版心区域，标题和正文字号、行距及色彩同页面1，如图9-41所示。

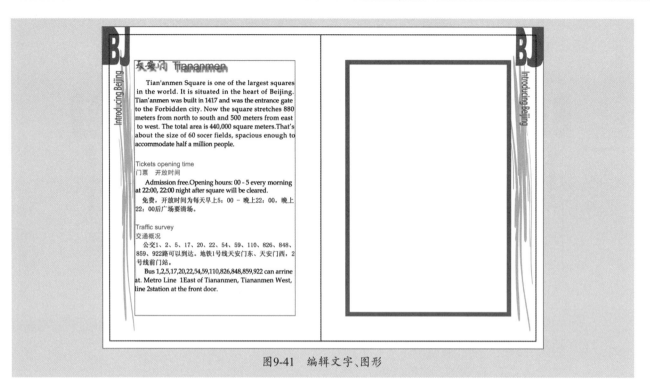

图9-41　编辑文字、图形

（26）选择"文件"→"置入"命令，将两幅照片放置在空白范围内，如图9-42所示。

图9-42　绘制图形

（27）使用"矩形工具"绘制出一个长方形，使用"角选项"命令设置其为圆角矩形，如图9-43所示。

图9-43　设置圆角矩形

（28）选择"编辑"→"多重复制"命令，在弹出的对话框中设置重复次数为2，水平位移为22毫米，垂直位移为0毫米，如图9-44所示。

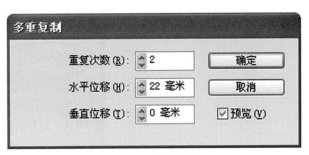

图9-44　多重复制

（29）选中第一个圆角矩形，选择"文件"→"置入"命令，将照片置入圆角矩形中，选择工具箱中的"直接选择工具"，在圆角矩形内的图像上单击，图像的定界框出现在页面中，按住Shift键，拖拽定界框的右下角，直到图片几乎完全显示后松开鼠标，如图9-45所示。

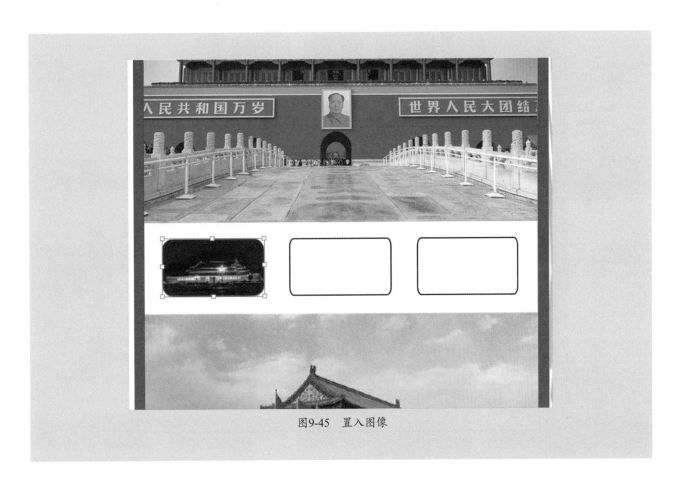

图9-45　置入图像

（30）利用同样的方法将图像素材置入到其他圆角矩形中，如图9-46所示。

（31）分别选择圆角矩形，在"色板"面板中将边框填充色去除，完成页面8~9的制作，效果如图9-47所示。

图9-46　置入所有图像

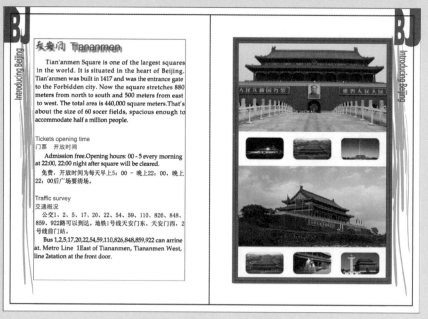

图9-47　页面8～9完成效果

4．步骤四：添加页码，完成页面1～9的制作

（1）在B－主页中，用"文字工具"在放置页码的地方绘制文本框并右击，选择"插入特殊字符"→"标志符"→"当前页码"，如图9-48所示。

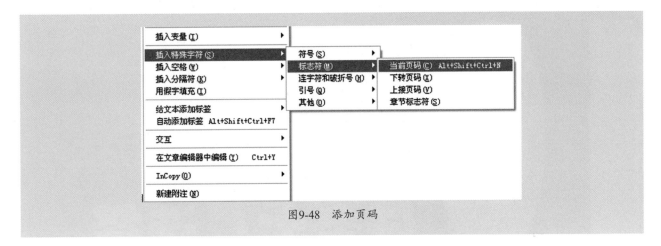

图9-48　添加页码

（2）在主页上将显示该主页前缀"B"，如图9-49所示。

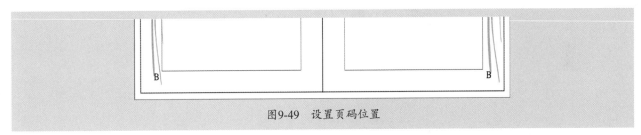

图9-49　设置页码位置

（3）用"文字工具"选择"B"，将字体设置为黑体，字号为12点，完成页码的添加，如图9-50所示。

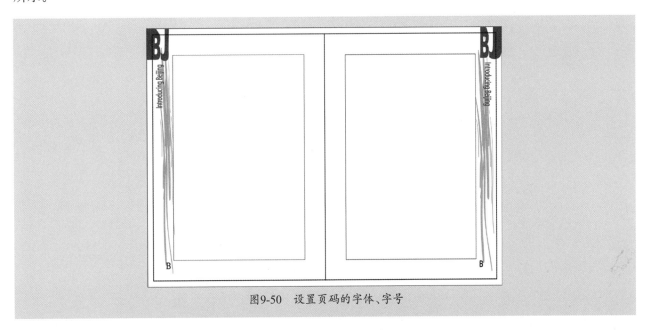

图9-50　设置页码的字体、字号

思考与练习

1. 版面设计一般遵循哪些原则？
2. 什么是版心？

10

任务七：选择纸张

10.1　任务目标

书籍的质感要归功于所选用的纸张，纸张构成了图书的书芯、封面和扉页。本章的任务是通过了解纸张的物理特性等知识，为《漫游北京》书籍确定适当的印刷用纸。

10.2　必备知识——纸张的物理特性

1.　纸张重量

纸张的重量通常有两种表示方式，一种是定量，一种是令重。

定量是单位面积纸张的重量，以每平方米的克数来表示，它是进行纸张计量的基本依据。纸的定量最低为25克/平方米，最高为250克/平方米。定量分为绝干定量和风干定量。前者是指完全干燥，水分等于零的状态下的定量，后者是指在一定湿度下达到水分平衡时的定量。通常所说的定量是指后者。

500张完全相同的纸页叫做一令，一令纸的重量叫做该种纸的令重。国际上也有以480张或1000张为一令的，在涉外纸张业务和使用进口纸时，需要特别注意这一点。

2.　厚度

纸张厚度和纸张重量相关，但由于纸张密度不同，认为重的纸就一定厚的想法是错误的。有些纸密度小，拥有松散的纤维结构，但却相当厚；相反，加了压的纸既密又重，但却比较薄。纸张厚度可以用测径器测量，其计量单位是千分之一英寸或者毫米。用来测量纸张厚度的工具叫做千分尺，一般测量四张纸，所得数据再除以四，就得到了单一纸张的厚度。

对于书籍设计者来说，知道每张纸的厚度是十分必要的，因为其决定着书脊的高度。由于这个原因，纸张厚度并不只是用英寸或毫米表示，还可以用每英寸纸张的数量（PPI）表示，PPI数值高的纸比较薄，PPI数值低的纸比较厚。

3.　纹理

纸张纹理由生产过程中的纤维方向决定。机制纸有纹理，手工造纸没有纹理。纸张均按照矩形制造，如果纤维结构与纸张长边平行，就是长纹；如果纤维结构与纸的短边平行，就是短纹。

4.　不透明度

不透明度衡量的是光透过纸张的多少。这由纸张厚度、结构密度和纸面修饰类型共同决定。纸不会完全不透明，不允许任何光透过的纸是不存在的。由于纸张的不透明度决定了页与页之间的映现程度，因此，作为书籍设计者非常有必要了解纸的不透明度。具有高不透明度的纸张可以减少映现，而薄的、较低不透明度的纸张能从反面就看到文字和图像。映现可以被创造性地运用到设计中，但需要考虑前页映过来的文字会影响读者的阅读。（图10-1和图10-2）

图10-1　德国书籍设计

图10-2　科普类书籍设计

5．纸面修饰

纸面修饰决定了吸墨和适合于不同的印刷字体的能力。因为造纸方式不同，有的纸面修饰是均匀的；有的纸张表面有明显的横、纵向纹路。压光时间的长短影响纸张表面的光滑程度，磙子磙的次数越多，纸张表面越光滑。

6．颜色

颜色通常在纸张还是纸浆的阶段就已经被添加。纸张颜色的轻微差别会给图像的印刷带来迥异的效果。仔细考量文字和图像色彩如何作用于纸张是非常重要的。比如一部园艺图书，主要的绿色照片在冷色调的纸张中看起来更加的干净、清爽；一些传统内容的文学作品，印刷在乳白色或浅米色的纸张上，会取得书卷气的效果。（图10-3）

图10-3　浅米色的书籍内页

10.3　任务描述

根据《漫游北京》的书籍内容及市场定位，封面使用120克铜版纸，内页使用70克双面胶版纸。

知识链接

书籍印刷常用纸张

（1）凸版印刷纸：简称凸版纸，产品包装形式有卷筒与平版之分。凸版纸定量为每平方米50克重至80克重。品号分为特号、一号、二号三种。特号、一号凸版纸供印刷高级书籍使用，二号凸版纸主要用于印刷一般书籍、教科书、期刊。

（2）新闻纸：又称白报纸，包装形式亦有卷筒与平版之分。新闻纸定量为51克左右，主要供印刷报纸、期刊使用。

（3）胶版印刷纸：简称胶版纸，定量为60～180克，有双面胶版纸和单面胶版纸之分。其中双面胶版纸70～120克使用最广。双、单面胶版纸品号都有特号、一号、二号三种。特号、一号双面胶版纸供印刷高级彩色胶印产品使用；二号双面胶版纸供印制一般彩色印件；单面胶版纸主要用于印刷张贴的宣传画、年画。

（4）铜版纸：铜版纸是在原纸上涂布一层涂料液，经超级压光制成。定量为90～250克，有双面铜版纸与单面铜版纸之分。品号有特号、一号、二号三种。特号铜版纸供印刷150以上网线的精致产品使用；一号铜版纸供印刷120～150网线的产品使用；二号铜版纸可印刷120以下网线的产品。铜版纸不耐折叠，一旦出现折痕，极难复原。

（5）书皮纸：定量为80～120克，主要供书刊作封面使用。书皮纸有多种颜色，可以适应印刷各种不同封面的需要。

（6）字典纸：分为一号、二号两种，定量为25～40克，主要供印刷字典、手册使用。字典纸吸湿性强，稍微受潮就会起皱。

（7）拷贝纸：拷贝是英文copy的音译，意思是复写。拷贝纸主要用于印刷多联单，适合于复写、打字。由于拷贝纸呈半透明状，在书刊印刷中，主要用于装帧有画像页的护页使用。

（8）板纸：定量在250克/平方米以上的纸称为板纸，或叫纸板。板纸种类很多，书刊印刷所使用的板纸，主要是用于制作精装书壳面的封面压榨纸板和制作精装书、画册封套用的封套压榨

纸板。纸板均为平板纸，封面压榨纸板厚度一般分为1（毫米）、1.5（毫米）、2（毫米）三种。封套压榨纸板厚度有1（毫米）、1.2（毫米）、1.4（毫米）、2（毫米）、2.5（毫米）、3（毫米）6种。

10.4　《漫游北京》纸张选择思路

铜版纸表面有一层碳酸钙的涂布层，表面光泽度好，平滑度高，适合印刷色彩丰富、艳丽的图像。《漫游北京》封面色彩虽简单，但要求印刷出来的色彩色泽鲜亮，铜版纸是合适的选择。

内页采用胶版印刷纸，也是由其纸张特点决定的。胶版纸质地紧密，伸缩性较小，抗水能力强，可以有效地防止多色套印时的纸张变形、错位、拉毛、脱粉等问题，能给印刷品保持较好的色质纯度。

知识链接

书籍整体设计赏析

图10-4　《藏地牛皮书》书籍设计

图10-5 《黄河十四走》书籍设计

图10-6 《小红人的故事》书籍设计

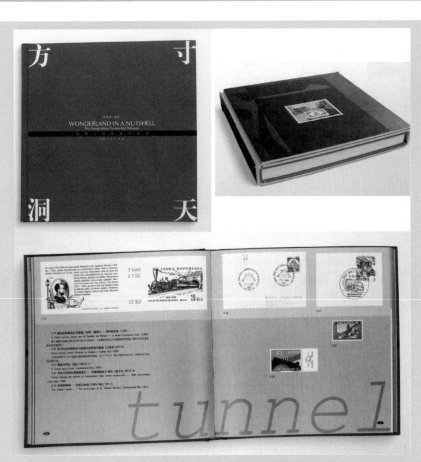

图10-7 《方寸洞天》邮册设计

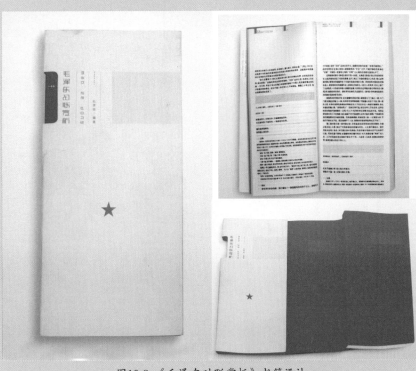

图10-8 《毛泽东对联赏析》书籍设计

图10-9 《古镇书——山西》书籍设计

图10-10 《范曾谈艺录》书籍设计

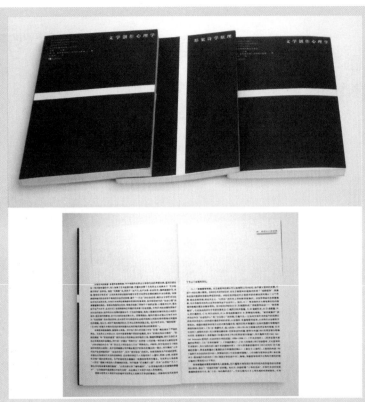

图10-11　《文学创作心理学》书籍设计

图10-12　系列丛书设计

图10-13 《广西民族风俗艺术——娃崽背带》书籍设计

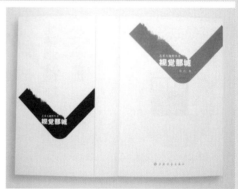

图10-14 《视觉那城》书籍设计

图10-15 《上海》书籍设计

图10-16 《天虫》书籍设计

图10-17 《穗高的月亮》书籍设计

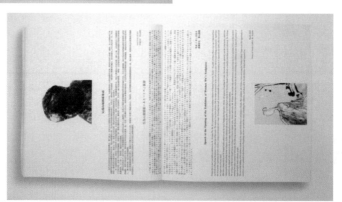

图10-18 《吴为山雕塑绘画》书籍设计

图10-19 《牡丹亭》书籍设计

思考与练习

1. 纸张的重量有哪两种表示方式?
2. 说说纸张的物理特性有哪些?

11

任务八：印前准备及工艺的选择

11.1　分解任务（一）

在完成《漫游北京》书籍的全部设计稿件之后，进行印前的检查，为后期印刷做准备。

11.1.1　必备知识——书籍印刷的流程

书籍从设计到最后的成品需要经历：前期的电脑制作——输出菲林——晒版——印刷——装订成品（包括折页、胶装、裁切），前期的电脑制作即书籍的电子稿件由书籍设计师完成，后面的步骤则需要输出公司和印刷厂来完成。设计师必须提供符合要求的电子稿件，才能顺利完成出片和印刷的程序。因此，我们有必要了解印刷的整个流程。

1. 输出菲林

菲林输出是印刷前的一道重要工序，菲林类似于常见的照片底片，但个头要大，在印刷流程中，它是我们书籍内页的底片，如图11-1所示。有了菲林，印刷厂可以用来晒版。菲林一般出来的是分色稿，比如一般的四色印刷，要出品红、青、黄、黑四张菲林片用于印刷制版，当然一般根据印刷需要，可以增加专色。菲林的边角一般有一个英文的符号，是菲林的编号，标明该菲林是C、M、Y、K中的哪一张，表示这张菲林是什么色输出的。

图11-1　菲林片

知识链接

分色、四色印刷与专色

（1）分色。

分色是一个印刷专业名词，指的就是将原稿上的各种颜色分解为品红、青、黄、黑四种颜色；在平面设计类软件中，分色工作就是将扫描图像或其他来源的图像的色彩模式转换为CMYK模式。

一般扫描图像为RGB模式，如果要印刷的话，必须进行分色，分成品红、青、黄、黑四种颜色，这是印刷的要求。如果图像色彩模式为RGB或Lab，输出时有可能只有K（黑色）版上有网点，即RIP（RIP是用来把计算机图像数据解释为菲林需要的数据的，其所用的解释语言为PostScript，PostScript是一种编程语言）解释时只把图像的颜色信息解释为灰色。在平面设计类软件中，分色操作其实非常简单，只需要把图像色彩模式从RGB模式或Lab模式转换为CMYK模式即可。这样该图像的色彩就是由色料（油墨）来表示了，具有4个颜色的通道。图像在输出菲林时就会按颜色的通道数据生成网点，并分成黄、品红、青、黑四张分色菲林片。

（2）四色印刷。

四色印刷工艺一般指采用品红、青、黄三原色油墨和黑墨来复制彩色原稿的印刷工艺。印刷的基本颜色是：品红、青、黄、黑（C、M、Y、K），印刷业界内讲的四色印刷就是由这4种基色叠印而成的。四色中，C、M、Y、K分别代表：

C：蓝色，Cyan的简写。

M：品红，Magenta的简写，M不是我们常说的红色，我们常说的红色是大红，印刷中的M指的是洋红。

Y：黄色，Yellow的简写。

K：黑色，Black的简写。

（3）专色。

专色是指在印刷时不是通过印刷C、M、Y、K四色合成这种颜色，而是专门用一种特定的油墨来印刷该颜色。专色油墨是由印刷厂预先混合好或油墨厂生产的。对于印刷品的每一种专色，在印刷时都有专门的一个色版对应。使用专色可使颜色更准确。

专色的选择一般要通过标准颜色匹配系统的预印色样卡，能看到该颜色在纸张上的准确的颜色，如Pantone彩色匹配系统就创建了很详细的色样卡。对于设计中设定的非标准专色颜色，印刷厂不一定准确地调配出来，而且在屏幕上也无法看到准确的颜色，所以若不是特殊的需求就不要轻易使用自己定义的专色。

2. 晒版

晒版是制版与印刷的桥梁工序。一般来说所谓的晒版就是曝光，通过曝光将菲林片上的图文影印到涂有感光物的网版、PS版、树脂版等材料上的工作。在网版、PS版、树脂版表面涂上一层感光膜后烘干，将有图像的胶片覆盖在上面，通过强光照射胶片，胶片上的图像被曝光影印到版材上的感光膜上，这个曝光影印的过程俗称晒版，完成晒版工作的设备称为晒版机，如图11-2所示。国内晒版工艺多指胶印阳图型PS版的晒版工艺。

晒版在整个复制工艺流程中要经过两次，一次晒打样版，一次晒印刷版。所以晒版在整个复制工艺中十分重要，它的质量好坏直接影响着印品质量和印刷效率。

图11-2　晒版机

3. 印刷

普通书籍印刷包括书皮和书芯两部分。其中书皮印刷包括封面、封底、书脊，精装书则是护封的印刷。书芯印刷包括版权页、扉页、目录页和正文页等。现代印刷分为凸版印刷、平版印刷、凹版印刷、孔版印刷四种方式。

（1）凸版印刷。

凸版印刷的历史最悠久，版面图像和文字凸出部分接受油墨，凹进去的部分不接受油墨，当版与纸压紧时，油墨就会印在纸上。印刷版材主要是活字版、铅版、锌版、铜版，感光树脂版等。有些书刊、票据、信封、名片等还在使用凸版印刷，一些特殊印刷工艺如烫金、烫银、压凹凸等一般也使用凸版印刷。图11-3所示为凸版印刷的原理图。

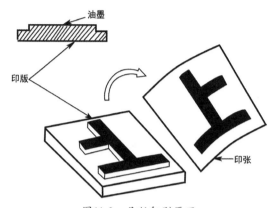

图11-3　凸版印刷原理

（2）平版印刷。

平版印刷也称为胶印，是目前最常见、应用最广泛的一种印刷方式。图像与空白区域在同一平面上，利用水与油墨相互排斥的原理进行印刷。图文部分接受油墨不接受水份，非图文部分相反。印刷过程采用间接法，先将图像印在橡皮滚筒上，图文由正变反，再将橡皮滚筒上的图文转印到纸上。画册、期刊、宣传册、图书、样本、年历等均可采用此印刷方式。图11-4所示为平版印刷机的工作原理。

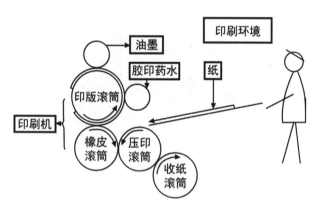

图11-4　平版印刷机工作原理

（3）凹板印刷。

凹板印刷与凸版印刷原理相反。文字与图像凹于版面之下，凹下去的部分携带油墨。印刷的浓淡与凹进去的深浅有关，深则浓，浅则淡。凹版印刷的线条有凸出感。钱币、邮票、有价证券等均采用凹板印刷。凹板印刷也适于塑料膜、丝绸的印刷。由于凹板印刷的制版时间长、工艺复杂等原因，所以成本很高。

（4）孔版印刷。

孔版印刷又称丝网印刷，利用绢布、金属及合成材料的丝网、蜡纸等为印版，将图文部分镂空成细孔，非图文部位以印刷材料保护，印版紧贴承印物，用刮板或者墨辊使油墨渗透到承印物上。丝网印刷不仅可以印于平面承印物，而且可印于弧面承印物，颜色鲜艳、经久不变，适用于标签、提包、T恤衫、塑料制品、玻璃、金属器皿等物体的印刷。图11-5所示为丝网印刷的T恤和水杯。

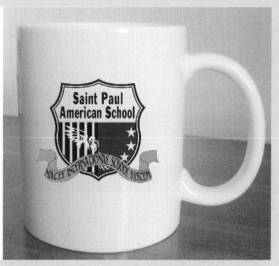

图11-5　丝网印刷的T恤和水杯

以上是对印刷种类的简单介绍，现代书籍、刊报基本都采用胶版印刷方式，所以专业的书刊印刷厂里配备的是胶印机，如图11-6所示。

图11-6　海德堡四色胶印机

知识链接

影响印刷品质的因素。

首先是印刷机。我们很容易理解，"工欲善其事，必先利其器"，如果一台印刷机的精度不高，稳定性又差，很难指望它能印出高品质的书刊。

其次是油墨。优质油墨会让图文色彩鲜艳、光亮度好、色相准确，给人以视觉享受。当然对于黑白书来说这一点并不明显。

还有纸张。纸张表面的平滑程度，还有涂布层的均匀程度会直接影响到图文的效果，当然不同性质的印件应选用不同类型的纸张。

除了机器、油墨、纸张这些硬件条件外，还会有印刷辅料等因素，这里不再一一列举。值得注意的是除了硬件之外还有软件的影响，而且是非常重要的，比如人，印刷机由人来开，墨由人来调，颜色由人来追，所以操作工人的技术、操作规范和责任心是非常重要的，而这些又直接影响到印刷的品质。

4. 装订成品

印刷程序完成之后，就进入装订流程，目前绝大多数书籍的装订是平装（胶装）和精装。

（1）平装（胶装）。

平装（胶装）分为通气胶装、磨脊胶装及串线平装。其中，前两种装订方式合称无线胶装。我们看到的大量书刊都是用的无线胶装的装订方式。这种装订对纸张的厚度有所要求，太厚的纸不建议使用。串线平装的优势是牢固耐用，而且书的内文可以完全摊开，较无线胶装美观高档，但成本也较高。

平装书工艺流程：

撞页裁切→折页→配书帖→配书芯→订书→包封面→切书

知识链接

概念解释

（1）撞页裁切。

印刷好的大幅面书页撞齐后，用单面切纸机裁切成符合要求的尺寸。裁切是在切纸机上进行的。切纸机按其裁刀的长短，分为全张和对开两种；按其自动化程度分为全自动切纸机、半自动切纸机。

（2）折页。

印刷好的大幅面书页，按照页码顺序和开本的大小，折叠成书贴的过程，叫做折页。

（3）配书帖。

把零页或插页按页码顺序套入或粘在某一书帖中。

（4）配书芯。

把整本书的书贴按顺序配集成册的过程叫配书芯，也叫排书。

（2）精装。

书芯先由穿线机一贴一贴串联后在书脊处过胶，再将书芯切成成品大小，经过压平、起脊、贴纱布、贴堵头布后，再将环衬与硬封粘连成册。精装可分成方脊精装、圆脊精装、软精装（假精装）和串环精装等。

精装书的硬壳是由面料包裹灰板而做成的，灰板的厚度是1～3.5mm，可根据需要选择不同的厚度。精装书面料多种多样。最普通的是用纸张作壳面，可选用128～200g的铜版纸，单面印刷和覆膜。书壳面料还可以是人造革、布料、锦缎、PVC等。

11.1.2 《漫游北京》电子稿件的印前检查

输出印刷之前，需要对书籍电子稿件进行检查，检查的内容一般包括：

（1）文中图片的模式是否为CMYK模式，精度最少为300*300dpi/像素/英寸。

（2）检查排版文件中文字是否为四色字，如果是，将其改为单色100%黑。

（3）如采用Pagemaker、维思、方正书版、Illustrator软件制作排版或封面设计，要将其链接图片文件和原文件一并拷贝。

（4）采用Photoshop制作的文件最好为psd（未合并层）的文件，以方便修改。

（5）检查书中的字体是否为常用字体，如方正、文鼎。如已使用少见字体，使用CorelDRAW或Illustrator软件将文字转换为曲线（outline）方式，就可避免因输出公司无此种字体而无法输出的问题；或者将使用的字体一并拷贝到书籍文件夹。

（6）仔细检查印刷物的输出尺寸、边图是否设置出血。

11.2 分解任务（二）

为《漫游北京》书籍封面选择适当的印刷工艺。

11.2.1 必备知识——封面的特殊工艺

前面的章节，我们讲到印刷工艺有这几种：烫金、起鼓、UV上光、模切等。平时我们看到的各式各样的图书封面，就是通过这些特殊的印刷工艺打造出来的。经过特殊工艺的处理，书籍有特别的视觉效果，很容易吸引读者的视线。下面以UV上光为例，讲解其主要的工艺流程。

UV（Ultra Vioce，紫外线）是印刷领域的一项上光技术，是指在印好的印刷品表面覆盖一种特殊的透明材料，这种材料即UV油墨，又称紫外线固化油墨，是一种非色彩油墨，无色透明。其工艺流程主要包括：

（1）除粉。

印刷墨色较大时常用喷粉来解决蹭脏问题。但是喷粉粘在油墨表面像砂纸一样，涂上UV光油以后影响效果，因此需要除粉。一般印刷机上都有除粉装置，除粉方法为：先用毛刷滚扫，毛刷滚动方向与纸张移动方向相反；将粉扫起来，再经吸风道吸到室外。当粉与油墨混在一起成颗粒状，扫不下来的时候，可用两个光辊对压纸表面，将粉墨颗粒压平。

（2）电晕处理。

主要针对一些印刷材料对UV光油亲和性不好的情况，通过电晕处理，使UV光油与印刷品表面的油墨相匹配。这样才能使UV光油很好地润湿、附着、浸透于印刷品表面的图文部分。

（3）打底油。

对渗油的纸张，应先上乳白色底油，将纸张毛孔封住，提高白度，再上UV光油。如表面涂布层较薄的白板纸，若直接涂UV光油，油会很快渗入底层，上不出光来，反而将底层灰底色反映出来，使上光后纸面发青。若先打一层底，再涂UV油就可解决此问题。

（4）UV上光。

为印刷品图文部分涂布UV光油。

（5）冷却。

用风扇吹经UV上光后的印刷品，使其表面温度降低。其目的一是避免纸张变形，二是阻止固化继续。

11.2.2　《漫游北京》书籍封面特殊工艺的选择

《漫游北京》书籍封面的主体色调为红色、灰色、黄色，对于封面主要元素的视觉流程，设计者是这样安排的：① 英文书名→② 中文书名→③ ALOOK BEIJING→④ "京"字，如图11-7所示。

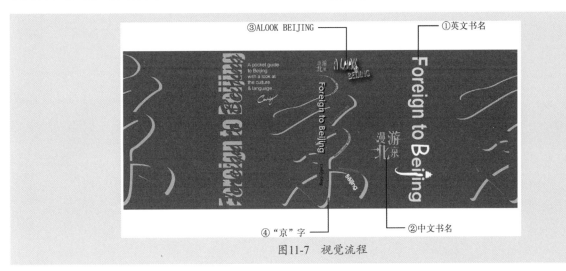

图11-7　视觉流程

《漫游北京》书籍的读者群体主要是外国人，因此突出的英文书名至关重要，黄色在红色的衬托下已经比较醒目，但为了强化视觉效果，设计者打算对英文书名进行局部的UV上光。上光之后的文字，具有极高的光泽度，与封面纸质形成对比。

能同时接受所有的物象，必须按照一定的流动顺序进行运动，以感知外部世界。在平面设计领域中，这种流动顺序是由设计者来进行引导的。

知识链接

什么是视觉流程？

所谓视觉流程，是指人们的视觉在接受外界信息时的流动过程。因为人受视野的客观限制，不可

思考与练习

1. 简述书籍印刷的流程。

2. 常见的四种印刷方式是什么？

参考文献

[1] （英）安德鲁·哈斯拉姆著．书籍设计．钟晓楠译．北京：中国青年出版社，2007．

[2] 孟卫东，王玉敏编著．书籍装帧．合肥：安徽美术出版社，2007．

[3] 余秉楠编著．书籍设计．武汉：湖北美术出版社，2001．

[4] 汤艳艳，胡是平编著．书籍设计表现技法．合肥：合肥工业大学出版社，2007．

[5] 邓中和著．书籍装帧．北京：中国青年出版社，2004．

[6] 中国最美的书评审委员会编．中国最美的书．上海：上海文艺出版社，2006．

作者简介

王洪瑞，女，1995年考入中央工艺美术学院（现清华大学美术学院）平面设计专业。在校期间，多次获得设计竞赛奖，1999年以优异成绩毕业，开始执教于北京联合大学商务学院艺术设计系，担任助教期间，曾多次指导学生参加台湾金犊奖设计竞赛，并两次获得优秀指导教师奖。2009年至今任教于北京联合大学师范学院艺术设计系，负责教授书籍装帧设计、广告设计等主干课程。

具有书籍设计实践经验，所设计的书籍封面、版式得到了客户的认可和喜爱。书籍整体设计代表作品有《服装店铺与展示设计》、《文字设计》、《漫游北京》等，设计的封面作品有《民间文学》、《艺术与设计》、《中国糖尿病杂志》、《零基础漫画入门》等。